国家科学技术学术著作出版基金资助出版

南海科学考察历史资料整编丛书

内孤立波对南海石油平台圆形桩柱的载荷研究及其风险防范

蔡树群 等 著

科学出版社

北 京

内 容 简 介

海洋中的内孤立波通常是由强潮流通过水下底地形变化陡峭的海脊等原因所激发产生的大振幅非线性内波。它从生成源地向近海传播的过程中，其引起的上百米量级的振幅和巨大波致流会对海上石油钻井平台及水下航行等构成严重破坏。本书主要系统地介绍了作者以往从事内孤立波载荷的研究成果，其中包括首次提出基于 KdV 浅水理论的内波模态分离法，以及利用大振幅内孤立波理论和数值模拟方法来计算内孤立波对海洋石油平台小直径圆形桩柱载荷的研究成果，最后介绍了一些以往在南海的内孤立波观测方法及其风险防范的措施。

本书可供从事海洋内波研究及其海洋工程应用、海上航行等相关专业的科技人员参考使用。

审图号：GS（2021）7332 号

图书在版编目（CIP）数据

内孤立波对南海石油平台圆形桩柱的载荷研究及其风险防范/蔡树群等著. —北京：科学出版社，2021.12
（南海科学考察历史资料整编丛书）
ISBN 978-7-03-070223-4

Ⅰ. ①内… Ⅱ. ①蔡… Ⅲ. ①南海－内波－影响－海上平台－桩承载力－研究 Ⅳ. ①TE951

中国版本图书馆 CIP 数据核字（2021）第 215290 号

责任编辑：郭勇斌 彭婧煜 方昊圆 / 责任校对：杜子昂
责任印制：张 伟 / 封面设计：众轩企划

科 学 出 版 社 出版
北京东黄城根北街 16 号
邮政编码：100717
http://www.sciencep.com

北京中科印刷有限公司 印刷
科学出版社发行 各地新华书店经销

*

2021 年 12 月第 一 版 开本：720×1000 1/16
2021 年 12 月第一次印刷 印张：10 1/4
字数：156 000
定价：98.00 元
（如有印装质量问题，我社负责调换）

丛 书 序

　　南海及其岛礁构造复杂，环境独特，海洋现象丰富，是全球研究区域海洋学的天然实验室。南海是世界第二大的半封闭边缘海，既有宽阔的陆架海域，又有大尺度的深海盆，还有类大洋的动力环境和生态过程特征，形成了独特的低纬度热带海洋、深海特性和"准大洋"动力特征。南海及其邻近的西太平洋和印度洋"暖池"，是影响我国气候系统的关键海域。南海地质构造复杂，岛礁众多，其形成与演变、沉积与古环境、岛礁的形成演变等是国际研究热点和难点问题。南海地处热带、亚热带海域，生态环境复杂多样，是世界上海洋生物多样性最高的海区之一。南海珊瑚礁、红树林、海草床等典型生态系统复杂的环境特性，以及长时间序列的季风环流驱动力与深海沉积记录等鲜明的区域特点和独特的演化规律，彰显了南海海洋科学研究的复杂性、特殊性及其全球意义，使得南海海洋学问题更有挑战性。因此，南海是地球动力学、全球变化等重大前沿科学研究的热点。

　　南海自然资源十分丰富，是巨大的资源宝库。南海拥有丰富的石油、天然气、可燃冰，以及铁、锰、铜、镍、钴、铅、锌、钛、锡等数十种金属和沸石、珊瑚贝壳灰岩等非金属矿产，其中锡储量占世界的 60%，石油总储量约 350 亿 t、天然气 10 万亿 m^3，可燃冰资源量约 700 亿 t 油当量，是全球少有的海上油气富集区之一；南海还蕴藏着丰富的生物资源，有海洋生物 2850 多种，其中海洋鱼类 1500 多种，是全球海洋生物多样性最丰富的区域之一，同时也是我国海洋渔产种类最多、面积最大的热带渔场。南海具有巨大的资源开发潜力，是中华民族可持续发展的重要疆域。

　　南海与南海诸岛地理位置特殊，战略地位十分重要。南海扼西太平洋至印度洋海上交通要冲，是通往非洲和欧洲的咽喉要道，世界一半以上的超级油轮经过该海域，我国约 60%的外贸、88%的能源进口运输、60%的国际航班从南海经过，因此，南海是我国南部安全的重要屏障、战略防卫的要地，也是确保能源及贸易安全、航行安全的生命线。

南海及其岛礁具有重要的经济价值、战略价值和科学研究价值。系统掌握南海及其岛礁的环境、资源状况的精确资料，可提升海上长期立足和掌控管理的能力，有效维护国家权益，开发利用海洋资源，拓展海洋经济发展新空间。20 世纪 50 年代以来，我国先后组织了数十次大规模的、调查区域各异的南海及其岛礁海洋科学综合考察，如西沙群岛、中沙群岛及其附近海域综合调查，南海中部海区综合调查研究，南海东北部综合调查研究，南沙群岛及其邻近海域综合调查等，得到了海量的重要原始数据、图集、报告、样品等多种形式的科学考察史料。由于当时无电子化，归档标准不一，对获得的资料缺乏系统完整的整编与管理，加上历史久远、人员更替或离世等原因，这些历史资料显得更加弥足珍贵。

"南海科学考察历史资料整编丛书"是在对 20 世纪 50 年代以来南海科考史料进行收集、抢救、系统梳理和整编的基础上完成的，涵盖 400 个以上大小规模的南海科考航次的数据，涉及生物生态、渔业、地质、化学、水文气象等学科专业的科学数据、图集、研究报告及老专家访谈录等专业内容。通过近 60 年科考资料的比对、分析和研究，全面系统揭示南海及其岛礁的资源、环境及变动状况，有望推进南海热带海洋环境演变、生物多样性与生态环境特征演替、边缘海地质演化过程等重要海洋科学前沿问题的解决，以及南海资源开发利用关键技术的深入研究和突破，促进热带海洋科学和区域海洋科学的创新跨越发展，促进南海资源开发和海洋经济的发展。早期的科学考察宝贵资料记录了我国对南海的管控和研究开发的历史，为国家在新时期、新形势下在南海维护权益、开发资源、防灾减灾、外交谈判、保障海上安全和国防安全等提供了科学的基础支撑，具有非常重要的学术参考价值和实际应用价值。

中国科学院院士 张金锋

2021 年 12 月 26 日

丛 书 前 言

海洋是巨大的资源宝库，是强国建设的战略空间，海兴则国强民富。我国是一个海洋大国，党的十八大提出建设海洋强国的战略目标，党的十九大进一步提出"坚持陆海统筹，加快建设海洋强国"的战略部署，建设海洋强国是中国特色社会主义事业的重要组成部分。

南海是兼具深海和准大洋特征的世界第二大边缘海，是连接太平洋与印度洋的战略交通要道和全球海洋生物多样性最为丰富的三大中心之一；南海海域面积 350 万 km^2，我国管辖面积达 210 万 km^2，其间镶嵌着近 3000 个美丽岛礁，是我国最宝贵的蓝色国土。南海是我国的核心利益，进一步认识南海、开发南海、利用南海，是我国经略南海、维护海洋权益、发展海洋经济的重要基础。

自 20 世纪 50 年代起，为掌握南海及其诸岛的国土资源状况，提升海洋科技和开发利用水平，我国先后组织了数十次规模、区域大小各异的南海及其岛礁海洋科学综合考查，对国土、资源、生态、环境、权益等领域开展调查研究。例如，"南海中、西沙群岛及附近海域海洋综合调查"（1973～1977 年）共进行了 11 个航次的综合考察，足迹遍及西沙群岛各岛礁，多次穿越中沙群岛，一再登上黄岩岛，并穿过南沙群岛北侧，调查项目包括海洋地质、海底地貌、海洋沉积、海洋气象、海洋水文、海水化学、海洋生物和岛礁地貌等。又如，"南沙群岛及其邻近海域综合调查"国家专项（1984～2009 年），由国务院批准、中国科学院组织、南海海洋研究所牵头，联合国内十多个部委 43 个科研单位共同实施，持续 20 多年，共组织了 32 个航次，全国累计 400 多名科技人员参加过南沙科学考察和研究工作，取得了大批包括海洋地质地貌、地理、测绘、地球物理、地球化学、生物、生态、化学、物理、水文、气象等学科领域的实测数据和样品，获得了海量的第一手资料和重要原始数据，产出了丰硕的成果。这是以中国科学院南海海洋研究所为代表的一批又一批科研人员，从一条小舢板起步，想国家之所想、急国家之所急，努力做到"为国求知"，在极端艰苦的环境中奋勇拼搏，劈波斩浪，数十年探海巡礁的智慧结晶。这些数据和成果极大地丰富了对我国南海海洋资源与环境状况的认知，提升了我国海洋科学研究的实力，直接服务于国家政治、外交、军事、环境保护、资源开发及生产建设，支撑国家和政府决策，对我国开展南海海洋权益维护特别是南海岛礁建设发挥了关键性作用。

在开启中华民族伟大复兴第二个百年奋斗目标新征程、加快建设海洋强国之际，"南海科学考察历史资料整编丛书"如期付梓，我们感到非常欣慰。丛书在2017 年度国家科技基础资源调查专项项目"南海及其附属岛礁海洋科学考察历史资料系统整编"的资助下，汇集了南海科学考察和研究历史悠久的 10 家科研院所及高校在海洋生物生态、渔业资源、地质、化学、物理及信息地理学等专业领域的科研骨干共同合作的研究成果，并聘请离退休老一辈科考人员协助指导，并做了"记忆恢复"访谈，保障丛书数据的权威性、丰富性、可靠性、真实性和准确性。

丛书也收录了自 20 世纪 50 年代起我国海洋科技工作者前赴后继，为祖国海洋科研事业奋斗终生的一个个感人的故事，以访谈的形式真实生动地再现于读者面前，催人奋进。这些老一辈科考人员中很多人都已经是 80 多岁，甚至90 岁高龄，讲述的大多是大事件背后鲜为人知的平凡故事，如果他们自己不说，恐怕没有几个人会知道。这些平凡却伟大的事迹，折射出了老一辈科学家求真务实、报国为民、无私奉献的爱国情怀和高尚品格，弘扬了"锐意进取、攻坚克难、精诚团结、科学创新"的南海精神。是他们把论文写在碧波滚滚的南海上，将海洋科研事业拓展到深海大洋中，他们的经历或许不可复制，但精神却值得传承和发扬。

希望广大科技工作者从"南海科学考察历史资料整编丛书"中感受到我国海洋科技事业发展中老一辈科学家筚路蓝缕奋斗的精神，自觉担负起建设创新型国家和世界科技强国的光荣使命，勇挑时代重担，勇做创新先锋，在建设世界科技强国的征程中实现人生理想和价值。

谨以此书向参与南海科学考察的所有科技工作者、科考船员致以崇高的敬意！向所有关心、支持和帮助南海科学考察事业的各级领导和专家表示衷心的感谢！

"南海科学考察历史资料整编丛书"主编

2021 年 12 月 8 日

前　言

内孤立波就是内波中具有孤立波形态和性质的一种特殊波动，它通常是强的潮流在越过水下地形变化陡峭的海山时所激发产生的波动振幅很大（一般超过几十米）、流速很强，并沿着特定方向传播出去的强非线性内波。在内孤立波从生成源地向近海传播的过程中，其产生的扰动可导致海面海水强烈辐聚和产生突发性的强流（波致流），会对海洋石油钻井平台和海底石油管道造成严重的威胁。南海北部是一个内孤立波生成和传播十分活跃的海区，因此，研究内孤立波对海上石油平台小直径圆形桩柱的载荷，具有重要的物理海洋学意义和较高的海洋工程应用价值。

笔者曾于 2015 年出版了专著《内孤立波数值模式及其在南海区域的应用》，但受篇幅的限制，该专著没有涉及内孤立波对海上石油平台小直径圆形桩柱的载荷方面的研究成果。有鉴于此，笔者认为有必要将本研究团队以往从事内孤立波对小直径圆形桩柱的载荷的理论分析和数值模拟研究成果做出系统而完整的介绍。全书共分 5 章，第 1 章为绪论；第 2 章介绍基于 KdV 浅水理论方程的内孤立波载荷的计算理论及应用；第 3 章介绍大振幅内孤立波载荷的计算理论及应用；第 4 章介绍基于数值模拟的内孤立波载荷的计算方法；第 5 章主要介绍一些南海内孤立波的观测方法及其风险防范的措施。其中第 1 章由蔡树群、陈植武主笔，第 2 章由蔡树群、龚延昆主笔，第 3 章由谢皆烁主笔，第 4 章由吕海滨、谢皆烁主笔，第 5 章由许洁馨、蔡树群主笔。

本书的出版获得国家自然科学基金重点项目（42130404）、中国科学院中年拔尖科学家人才项目（QYZDJ-SSW-DQC034）、广东省自然资源厅专项资金（粤自然资合〔2020〕017 号）、南方海洋科学与工程广东省实验室（广州）人才团队引进重大专项（GML2019ZD0304）、国家科学技术学术著作出版基金、中国科学院南海生态环境工程创新研究院自主部署项目（NO.ISEE2021PY01）等的资助。笔者同时感谢中国科学院南海海洋研究所练树民、尚晓东、方文东、毛庆文研究员及"实验 3"号科学考察船全体科考人员提供了南海的内孤立波实测资料。笔者当初开展内孤立波对海上石油平台小直径圆形桩柱的载荷研究的想法，是受已故的中山大学章克本教授所赠予笔者的一本由他作为主要编写人员、孙明光教授负责编写的《流体力学》讲义中"桩柱波浪作用力"一节内容的启发，进而将表面波对桩柱的载荷计算方法延拓至内孤立波对桩柱的载荷研究。笔者借此机会叩谢章克本教授！此外，感谢内蒙古大学菅永军教授对由谢皆烁主笔的第 3 章内容的指导！

　　本书难免有疏漏之处，敬请读者不吝指正。

蔡树群

2021 年 12 月 15 日

南方海洋科学与工程广东省实验室（广州）

中国科学院南海海洋研究所热带海洋环境国家重点实验室

中国科学院大学

E-mail：caisq@scsio.ac.cn

目 录

第1章 绪 论

    内孤立波是存在于海洋密度跃层附近的一种强非线性、振幅较大[约 O (100m)的量级]的波动，它通常是在河口咸淡水交汇近岸区水体层结明显处或者在具有陡峭海底地形的深海区由于强大潮流（特别是往复式的潮流）经过后通过潮-地相互作用激发产生的。研究表明，内孤立波的形成动力机制有若干种，例如，哥伦比亚河口由于河口径流淡水舌与海水交接的河口锋面冲击而在密度跃层附近产生剧烈的斜压运动，从而形成稳定的具有孤立波性质的大振幅内孤立波（Nash & Moum，2005）；不过，海洋中最常见的内孤立波是往复的强大潮流流经海脊、海槛及陆架坡等一些变化较剧烈的崎岖地形时所形成的（图 1.1）。这类潮-地相互作用（tide-topography interaction）

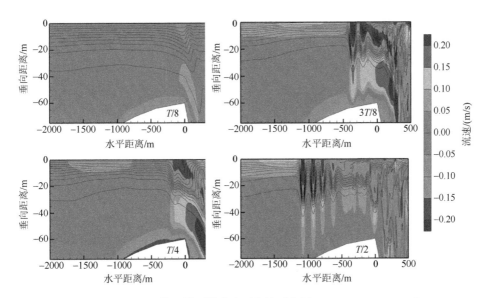

图 1.1　潮-地相互作用模型激发内孤立波示意图（Chen et al.，2017b）
图中给出了半个潮周期 T 内每隔 1/8 潮周期的密度等值线（间隔为 0.1kg/m^3）和水平斜压速度（m/s）的变化

机制下激发形成的内孤立波常有着接近潮信号的振荡行为,因此又可称之为潮致内孤立波（tidally induced internal solitary waves）。

我们经常谈及的南海东北部典型的大振幅内孤立波即属于此类潮致内孤立波。为了简明起见,图 1.2 给出了一种描述关于南海北部内孤立波从生成到消亡的生命周期各阶段典型动力行为变化过程（St Laurent et al.,2011）,可大致分成三个阶段:在生成阶段,来自太平洋的潮波在穿越吕宋海峡的海底双山脊时由于潮-地相互作用会首先形成内潮波束;在传播阶段,由于内潮波束从深海源地向西传播时会发生非线性陡化,从而产生速度约为 3m/s,波形向下凹陷,具有穿越南海北部深海海盆能力的非线性内孤立波;在浅化（即向浅水传播）阶段,这些具有穿越南海北部深海海盆能力的非线性内孤立波由于南海北部陆架坡底地形变浅,受高阶非线性的作用而分裂产生内孤立波波包,并最终因海底地形的限制导致极性反转、波形向上抬升而最终耗散于浅海中。关于内孤立波特征、生成机制和传播演变规律的研究,我们在之前的研究（Cai et al.,2012；Chen et al.,2017b）中已经有不少介绍,在此不再赘述。

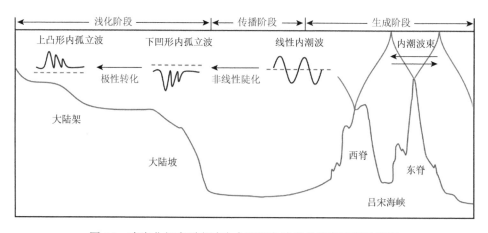

图 1.2　南海北部内孤立波生命周期各阶段的演变过程示意图

南海北部之所以成为一个内孤立波活跃的海区（图 1.3）,与其具有天然独特的水动力背景密切相关。首先,南海北部的陆坡和陆架海域深受黑潮入侵和季风的影响,水团性质主要受南海海盆水和黑潮水(或称西北太平洋水)两大水系的支配,海水垂直层化显著且具有季节性变化;其次,吕宋海峡作为贯通西太平洋与南海水交换的重要通道(图 1.4),海底地形变化剧烈,其间包括水下具有陡峭海槛的恒春海脊(台湾岛南端至吕宋岛北部陆架之间)和兰屿海脊,而吕宋海峡之间还分布着巴坦岛、萨布唐岛、加拉鄢岛、达卢皮里岛、富加岛等若干小岛屿,各个岛屿之间存在海底地形变化剧烈的峡道;最后,来自西太平洋的潮波从吕宋海峡传入南海时,潮能巨大,流速强。这三个要素导致内孤立波在南海北部频繁被激发且具有明显的潮周期变化特征。

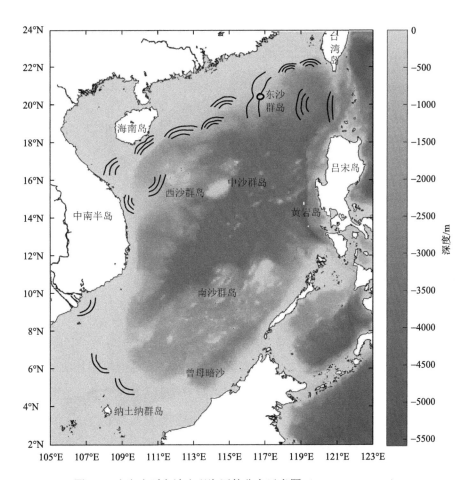

图 1.3　南海内孤立波出现海区的分布示意图(Cai et al.,2012)

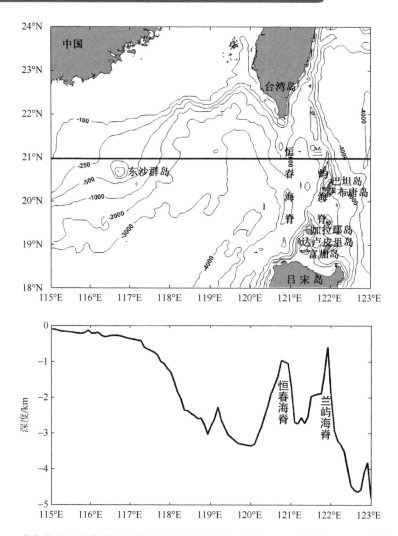

图 1.4 南海北部吕宋海峡附近底地形水深等值线（单位：m）及沿着 21°N 剖面的纵深
示意图

其实早在 20 世纪 70 年代，Fett 和 Rabe（1977）就从卫星图片中发现在南海东沙群岛附近存在着内孤立波，但当时并没有引起人们的重视。直到在海洋石油资源开发的过程中，人们才开始进一步领略到海洋内孤立波这种自然灾害的威力。这其中包括在缅甸海、南海东北部的石油勘探和开发过程中所遭受内孤立波破坏的若干实例（Osborne & Burch，1980；Ebbesmeyer et al.，1991；

Bole et al.,1994)。这些经济方面的损失引起海上石油开发公司的关注和重视,于是内孤立波成为海洋科学家的研究热点。

由于内孤立波对海洋工程结构物存在着潜在的威胁,关于它的载荷研究逐步引起人们的重视。尤云祥等(2003)曾通过波的入射、绕射势函数理论指出了层结海洋中大直径桩柱的表面波和内波所产生的波浪力差异,但是他们的研究缺乏海上实测数据的验证。蔡树群等(2002)及 Cai 等(2003;2006;2008b)引入了 Morison 的经验方法、内波模态分离法来估算实测得到的内孤立波波致流对小直径圆形桩柱的作用力,其估算结果表明,内孤立波波致流对小直径圆形桩柱的作用力比表面波的作用力要大 10 倍以上;若再考虑背景流,内孤立波波致流引起的载荷将相应增加。沈国光和叶春生(2005)应用内波垂向结构方程的模态分析方法计算了不同模态下的内孤立波载荷,结果表明内孤立波具有阵发性和与模态相关的剪切,其载荷较波导内波的情况大一个量级。魏岗等(2007)研究了分层流中内孤立波在潜浮式竖直薄板上的反射与透射问题,分析了内孤立波与薄板非线性相互作用的效应。Zhang 和 Li(2009)利用 Morison 的经验方法计算了内孤立波对海洋单柱式平台(Spar)和半潜平台的载荷。宋志军等(2010)建立了内孤立波作用下海洋单柱式平台运动响应的时域数值模型,表明当内孤立波不断接近平台时,平台受到的作用力随之增大并会产生远大于表面波作用下的水平位移。Chen 等(2017a)利用实验室物理模型的试验和理论方法研究了内孤立波对海洋半潜平台的载荷。上述这些研究对于海上石油公司评估内孤立波的破坏作用,优化海上石油平台的设计具有重要的应用参考价值。

为了简化问题,本书主要依据笔者的研究团队近 20 年来对内孤立波载荷研究的成果,仅对内孤立波波致流对小直径圆形桩柱载荷进行系统的总结,详细地介绍估算内孤立波对圆形桩柱的作用力和力矩的理论和数值模拟方法,最后介绍一些在南海进行内孤立波观测、预警或规避内孤立波袭击的方法。

第 2 章　基于 KdV 浅水理论方程的内孤立波载荷的计算理论及应用

之前大多数海洋石油平台圆形桩柱的设计仅考虑表面波的载荷，却很少考虑内孤立波的作用；且早期因各种原因仅能获取内孤立波经过时的部分现场实测资料，难以估算内孤立波对圆形桩柱的载荷（图 2.1）。

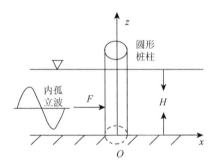

图 2.1　内孤立波对圆形桩柱作用力示意图

基于有限的实测流速资料，我们首次提出内波模态分离法，利用 Morison 公式（Morison et al., 1950）来估算内孤立波对小直径圆形桩柱载荷的方法（蔡树群等，2002；Cai et al., 2003），其算法步骤大致如下：①将内波近似地表征为若干斜压模态波动之和；②若圆形桩柱半径小于等于内波波长的 $\dfrac{3}{20}$，则 Morison 公式有效；③利用实测的内波波致流，通过线性回归分析法求解内波各斜压模态的波致流及其加速度，据此估算内孤立波对圆形桩柱的作用力和力矩。下面做系统的介绍。

本章的安排如下：在 2.1 节中基于 KdV 浅水理论方程详细地推导计算内孤立波对小直径圆形桩柱载荷的方法；在 2.2 节中给出利用南海东北部现场观测得到的内孤立波流速数据，在暂不考虑背景流情况下的内孤立波对小直径圆形桩柱的载荷算例；2.3 节是在 2.2 节的基础上，给出考虑了背景流的内孤立波对小直径圆形桩柱的载荷算例；在 2.4 节中则揭示内孤立波对圆形桩柱的载荷会随水体层结的变化而发生季节性变化的原因，同时也给出内孤立波对如 Spar 那样的石油平台中悬浮式桩腿的载荷的讨论算例，最后在 2.5 节进行了小结。

2.1　计　算　理　论

Morison 等（1950）曾提出计算表面波对小直径圆形桩柱的作用力的一个经验方法：假设圆形桩柱的半径 D 小于波长 L_W，即 $D/L_W \leqslant 0.15$，则可认为入射波场不因圆形桩柱的存在而受影响。于是表面波的作用力可表达为以拖曳系数 C_D 和惯性系数 C_M 所表征的拖曳力部分 F_D 和惯性力部分 F_I，即

$$F_D = \frac{1}{2}\rho C_D D u|u| \qquad (2.1)$$

$$F_I = \rho C_M \frac{\pi D^2}{4}\frac{\partial u}{\partial t} \qquad (2.2)$$

其中，ρ 为海水密度；u 为沿 x 方向的速度；t 是时间。

现在将这一计算方法推广到内孤立波对小直径圆形桩柱的作用力和力矩的估算。由于在大多数情况下，内孤立波的波长远大于圆形桩柱的直径，于是对于斜压模态较低的内孤立波，其波长 L_W（大约几公里至几十公里）较大，因此 $D/L_W \leqslant 0.15$ 这一条件能够得以满足，即 Morison 公式有效。因此，我们引入上述的经验公式来估算内孤立波对小直径圆形桩柱的作用力和力矩。根据方程（2.1、2.2），只要内孤立波波致流速 u 及其加速度 $\frac{\partial u}{\partial t}$ 的垂向分布已知，则相应的作用力和力矩便可求得。然而，由于各种客观原因及内孤立波形成的不确定因素，很难预测内孤立波会在何时何地产生并获得它们传播经过观测点时的波致流速及其加速度；并且有时由于海上观测仪器的限制，仅能获得内孤立波经过时的部分现场实测资料。例如，对于典型的内孤立波，其传播通过某一观测点的时间周期大约为十几分钟到几十分钟，为了准确地捕捉到其传播时

的最大波致流速，其最佳的采样时间间隔大概是 30s 至 2min；而为了获得内孤立波通过观测点时的流速、温度、盐度等参数的垂向剖面分布，一般采用包含声学多普勒流速剖面仪（acoustic Doppler current profiler，ADCP）、电导率-温度-深度剖面仪（conductivity- temperature-depth profiler，CTD）或其他温度、盐度传感器等构成的潜标。由于潜标无法外接电源，对于这么高的采样频率，ADCP 本身携带的电池电量有限，严重限制了观测内孤立波样本的持续时间长度。此外，ADCP 还受观测深度的限制。首先，由于 ADCP 回声信号的干扰，对于靠近海面 10m 内的数据无法获取（Liu & Weisberg，2005）；其次，对于水深往往超过 1500m 的南海，早期的 ADCP 由于工作深度的限制而无法获得深海的流速实测数据。因此，我们的问题是：假设只获得内孤立波通过观测点时某一时刻垂向剖面的现场温度、盐度观测数据及有限水深的流场观测数据，是否可以依据这些有限的观测资料，通过线性化的理论方法来估算内孤立波对圆形桩柱的作用力和力矩？

我们知道，对于层结海洋中的近线性内波，它可以近似地表征为若干斜压模态波动之和。例如，根据海洋水体的密度层结程度，通过求解线性化内波垂向结构特征方程，可以近似求得海洋若干斜压模态内波的相速度及其他若干关键特征参数（蔡树群等，2015）。由于风生环流、密度流等在海洋中无所不在，背景流的存在不仅导致波速和波形的变化，而且会通过改变一些环境参数而影响内波的非线性演变。因此，我们先给出在背景流影响下的线性化大尺度内波垂向结构特征方程组，即

$$
\begin{aligned}
&\frac{\mathrm{d}^2 W}{\mathrm{d}z^2} + \frac{W}{(c-U_0)^2}[N^2 + (c-U_0)(U_0'' - \frac{N^2}{g}U_0')] = 0 \\
&W(H) = 0 \\
&W(0) = 0
\end{aligned}
\tag{2.3}
$$

这里 U_0 为背景流，其垂向剪切为 $U_0' = \partial U_0 / \partial z$，而垂向曲率 $U_0'' = \partial^2 U_0 / \partial z^2$；$N$ 为浮力频率；g 为重力加速度。根据方程组（2.3），可以求得各个特征模态的特征值（线性相速度 c）及特征函数。而在无背景流（$U_0 = 0$）条件下，方

程组（2.3）即变化为

$$
\begin{aligned}
&\frac{\mathrm{d}^2 W}{\mathrm{d}z^2} + N^2 W / c^2 = 0 \\
&W(H) = 0 \\
&W(0) = 0
\end{aligned}
\tag{2.4}
$$

现在我们将研究限于基于长波、有限波动振幅假设的基础上发展的 KdV 浅水理论方程，其适用条件需满足（Benjamin，1966；Benney，1966）：

$$
\frac{L}{H} \gg 1，\quad \frac{h}{H} \sim \mathrm{O}（1），\quad \frac{\eta_0 L^2}{H^3} \sim \mathrm{O}（1）
\tag{2.5}
$$

式中，L 为内孤立波的特征半倍波宽；H 为水深；h 为温跃层的深度；η_0 为内孤立波的振幅。

基于不可压缩流体的经典动力方程的布西内斯克近似（Boussinesq approximation），对于在二维笛卡儿 x，z 坐标系中（见图 2.1，x 向东为正，z 向上为正）的内孤立波，我们可以将内孤立波分解为以权系数为 γ_n（$n = 1, 2, \cdots, \infty$）的若干个斜压模态内波的线性和。即对于沿 x 方向前进的平面波，立刻可以得到该系统下的 KdV 浅水理论方程：

$$
\frac{\partial \eta}{\partial t} + c\frac{\partial \eta}{\partial x} + \alpha\eta\frac{\partial \eta}{\partial x} + \beta\frac{\partial^3 \eta}{\partial x^3} = 0
\tag{2.6}
$$

其中，η 为波动在跃层界面的垂直位移。在不考虑背景流 U_0 影响情况下，内波的非线性参数：

$$
\alpha = \frac{3}{2Q}\left\langle (\mathrm{d}W / \mathrm{d}z)^3 \right\rangle
\tag{2.7}
$$

而频散参数：

$$
\beta = \frac{1}{2Q}\left\langle W^2 \right\rangle
\tag{2.8}
$$

上式中的归一化因子：

$$
Q = \left\langle (\mathrm{d}W / \mathrm{d}z)^2 / c \right\rangle
\tag{2.9}
$$

而正交符号 $\langle\cdots\rangle = \int \cdots \mathrm{d}z$ 表示对整个水深（0，H）的参量进行积分；而在考虑

背景流 U_0 的影响时，内波非线性参数 α 和归一化因子 Q 则分别变为

$$\alpha = \frac{3c}{2Q}\left\langle \frac{1}{c-U_0}(\mathrm{d}W/\mathrm{d}z - \frac{U_0'}{U_0-c}W)^3 \right\rangle \qquad (2.10)$$

$$Q = \left\langle \frac{1}{c-U_0}(\mathrm{d}W/\mathrm{d}z - \frac{U_0'}{U_0-c}W)^2 \right\rangle \qquad (2.11)$$

对应于方程（2.6）的内孤立波具有如下稳定解（Apel et al.，2007）：

$$\eta = -\eta_0 \operatorname{sech}^2(\varphi) \qquad (2.12)$$

这里相位角 $\varphi = (x-Vt)/L$，而内孤立波的非线性相速度 V 和特征半倍波宽 L 则分别为

$$V = c + \alpha\eta_0/3, \quad L = (12\beta/\alpha\eta_0)^{\frac{1}{2}} \qquad (2.13)$$

从方程（2.13）可知，内孤立波的非线性相速度 V 也随着 α 的增加而增大。此外，从频散参数 β 的定义可知它总是正数，于是 $\alpha\eta_0 \geqslant 0$，因此，若非线性参数 α 为正（负），则波的振幅亦然，相应地，该内孤立波呈现为下凹（上凸）型。

对于多个斜压模态的内波，令相位角 $\varphi_n = (x-V_nt)/L_n$，这里 $n = 1, 2, \cdots, \infty$。于是，对于单个下凹型前进的内孤立波的第 n 个模态的波形可由下式给出：

$$\eta_n(x,z,t) = -\eta_0\gamma_nW_n\operatorname{sech}^2(\varphi_n) \qquad (2.14)$$

$$V_n = c_n + \alpha_n\eta_0/3, \quad L_n^2 = 12\beta_n/(\alpha_n\eta_0) \qquad (2.15)$$

这里 γ_n 为第 n 个模态内孤立波的权系数。根据线性化边界条件 $w = \dfrac{\partial\eta}{\partial t}$，于是可以得到：

$$w = -\frac{2\eta_0V_n}{L_n}\gamma_nW_n\operatorname{sech}^2(\varphi_n)\tanh(\varphi_n) \qquad (2.16)$$

且

$$\frac{\partial w}{\partial z} = -\frac{2\eta_0V_n\gamma_n}{L_n}\frac{\mathrm{d}W_n}{\mathrm{d}z}\operatorname{sech}^2(\varphi_n)\tanh(\varphi_n) \qquad (2.17)$$

并根据二维不可压流体连续方程 $\dfrac{\partial u}{\partial x} = -\dfrac{\partial w}{\partial z}$，可得到波致水平流速 u_n 及其加

速度 $\dfrac{\partial u_n}{\partial t}$：

$$u_n = -\eta_0 V_n \gamma_n \frac{\mathrm{d}W_n}{\mathrm{d}z} \operatorname{sech}^2(\varphi_n) \tag{2.18}$$

$$\frac{\partial u_n}{\partial t} = -\frac{2\eta_0 V_n^2 \gamma_n}{L_n} \frac{\mathrm{d}W_n}{\mathrm{d}z} \operatorname{sech}^2(\varphi_n) \tanh(\varphi_n) \tag{2.19}$$

于是，根据方程（2.1、2.2），对整个圆形桩柱从 $z = 0$ 到 $z = H + \zeta$（其中
ζ 为表面水位）作垂向积分，则可得到第 n 个模态内波的作用力为

$$F_n = \rho \int_0^{H+\zeta} \left(C_M \frac{\pi D^2}{4} \frac{\partial u_n}{\partial t} + \frac{1}{2} C_D D u_n |u_n| \right) \mathrm{d}z \tag{2.20}$$

由于 ζ 远小于水深 H，故将它的贡献从方程（2.20）中忽略，可得

$$F_n = \rho \int_0^{H} \left(C_M \frac{\pi D^2}{4} \frac{\partial u_n}{\partial t} + \frac{1}{2} C_D D u_n |u_n| \right) \mathrm{d}z \tag{2.21}$$

根据方程（2.19）可以得到：

$$\int_0^{H} \frac{\partial u_n}{\partial t} \mathrm{d}z = -\frac{2\eta_0 V_n^2 \gamma_n}{L_n} \operatorname{sech}^2(\varphi_n) \tanh(\varphi_n) \int_0^{H} \frac{\mathrm{d}W_n}{\mathrm{d}z} \mathrm{d}z \tag{2.22}$$

且由方程组（2.3）或方程组（2.4）的边界条件可知，方程（2.22）的右边的
积分项值为 0，于是方程（2.21）简化为

$$F_n \approx \rho \int_0^{H} \frac{1}{2} C_D D u_n |u_n| \mathrm{d}z \tag{2.23}$$

相应地，内孤立波对于圆形桩柱的力矩为

$$M_n \approx \rho \int_0^{H} z \left(C_M \frac{\pi D^2}{4} \frac{\partial u_n}{\partial t} + \frac{1}{2} C_D D u_n |u_n| \right) \mathrm{d}z \tag{2.24}$$

于是，通过令

$$\frac{\partial F_n}{\partial t} = 0 \tag{2.25}$$

和

$$\frac{\partial M_n}{\partial t} = 0 \tag{2.26}$$

可以分别求得第 n 个模态的内波对圆形桩柱的作用力和力矩达到最大值的时间，并将之反代入方程（2.23、2.24），便可求得相应的内波对圆形桩柱的最大作用力 $F_{i\max}$ 和力矩 $M_{i\max}$。

假设我们能够得到某一垂向剖面上的部分离散点上的实测流速数据，且背景流的作用小到可以忽略的情况下，也就是说，实测流速基本是由波动传播所致的。于是，设已知的实测流速为 $U_g(x = 0, z_j, t = 0)(j = 1, \cdots, m, m$ 为观测数据的个数），并简单记已知的流速 $U_j = U(0, z_j, 0)$，根据方程（2.18），可得到：

$$U_j = \sum_{i=1}^{n} -\eta_0 \gamma_i V_i \frac{\mathrm{d}W_i(z_j)}{\mathrm{d}z}, j = 1, \cdots, m \tag{2.27}$$

若记 $x_{ij} = -\eta_0 V_i \dfrac{\mathrm{d}W_i(z_j)}{\mathrm{d}z}$，则有

$$U_j = \gamma_1 x_{1j} + \gamma_2 x_{2j} + \cdots + \gamma_n x_{nj} \tag{2.28}$$

于是，权系数 γ_i 可以通过线性回归分析法来求解（Cai et al.，2003），即根据最小二乘法，当权系数 γ_i 满足下列方程时：

$$(CC^{\mathrm{T}}) \begin{bmatrix} \gamma_1 \\ \gamma_2 \\ \gamma_3 \\ \vdots \\ \gamma_n \end{bmatrix} = C \begin{bmatrix} U_1 \\ U_2 \\ U_3 \\ \vdots \\ U_m \end{bmatrix} \tag{2.29}$$

上式中，

$$C = \begin{bmatrix} x_{11} & x_{12} & x_{13} & \cdots & x_{1m} \\ x_{21} & x_{22} & x_{23} & \cdots & x_{2m} \\ x_{31} & x_{32} & x_{33} & \cdots & x_{3m} \\ \vdots & \vdots & \vdots & & \vdots \\ x_{n1} & x_{n2} & x_{n3} & \cdots & x_{nm} \end{bmatrix} \tag{2.30}$$

方差之和 $Q = \sum\limits_{j=1}^{m}[U_j - (\gamma_1 x_{1j} + \gamma_2 x_{2j} + \cdots + \gamma_n x_{nj})]^2$ 达到最小, 则可求得权系数 (回

归系数) γ_1, γ_2, $\cdots$, γ_n。均方根误差 $S = \sqrt{Q/m}$, 复相关系数 $r = \sqrt{1 - Q/\mathrm{d}yy}$,

这里 $\mathrm{d}yy = \sum\limits_{j=1}^{m}(U_j - \overline{U})^2$, 而 $\overline{U} = \sum\limits_{j=1}^{m} U_j/m$。当 r 趋近 1 时, 相对误差 $\dfrac{Q}{\mathrm{d}yy}$ 趋近 0,

则表明线性回归效果是好的。偏相关系数为

$$P_i = \sqrt{1 - Q/Q_i}, \quad i = 1, 2, \cdots, n \tag{2.31}$$

式中,

$$Q_i = \sum_{j=1}^{m}[U_j - \sum_{\substack{k=1 \\ k \neq i}}^{n} \gamma_k x_{kj}]^2 \tag{2.32}$$

当 P_i 趋近 1 时, 则表明 x_{kj} 对 U_j 的贡献大, 不可忽略。在求得权系数 γ_i 之后, 根据方程 (2.18、2.19) 便可以得到各个斜压模态的波致流速及其加速度, 并根据方程 (2.23、2.24) 可以求得各个斜压模态的内孤立波最大作用力和力矩。

因此, 只要内波的特征函数及其导数 $\dfrac{\mathrm{d}W_i}{\mathrm{d}z}$ 的分布和内孤立波的振幅 η_0 已知, 便可求得各个斜压模态波对圆形桩柱的作用力和力矩。可见, 现在的问题归结为求解线性化内波垂向结构特征方程的边值问题。对于暂不考虑背景流的情况, 我们可以依据方程组 (2.4) 来求解各个斜压模态的特征函数; 而对于考虑背景流的情况, 各个斜压模态的特征函数则可以依据方程组 (2.3) 来求解。于是, 只要给定海洋石油平台所在海域的海水浮力频率的垂向分布 $N(z)$, 则问题可通过 Thompson-Haskell 方法轻易地求解 (蔡树群等, 2015)。最后, 内孤立波对圆形桩柱的总体最大作用力 $F_{\max}$ 和力矩 $M_{\max}$ 可按下式来估算:

$$F_{\max} = \left| \sum_{i=1}^{n} F_i \right|_{\max} \tag{2.33}$$

$$M_{\max} = \left| \sum_{i=1}^{n} M_i \right|_{\max} \tag{2.34}$$

在这里, 我们只详细介绍基于 KdV 浅水理论方程的算法, 而对于不满足

上述方程（2.5）所给定的条件的内孤立波，则可参照蔡树群等（2015），视其是否满足深水理论或有限深度理论，之后按照上述步骤推导相应的公式来估算内孤立波的各个特征参数及其对圆形桩柱的载荷。

2.2　不考虑背景流的内孤立波载荷算例

位于南海北部的东沙群岛附近是一个内孤立波活动频繁的海区。1998年4月至7月，中国科学院南海海洋研究所的"实验3"号科学考察船作为海上大气与海洋的观测平台锚定在东沙群岛南缘附近的大陆坡处参与南海季风试验的海上观测期间，意外地观测到一系列的内孤立波事件（Cai et al.，2002）。其间，在6月14日位于东沙群岛南部海域附近（20°21.311′N；116°50.633′E）的锚定观测中，曾观测到强烈的内孤立波活动，并获取了一批相对比较完整的内孤立波经过该处时的ADCP流速及相应的CTD资料（图2.2）。

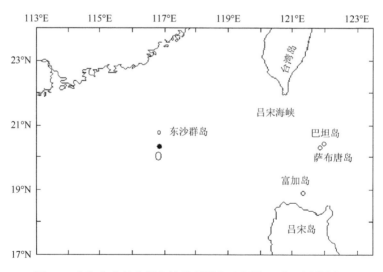

图2.2　南海东北部内孤立波的观测点示意图（O为观测位置）

此次观测使用的船载ADCP垂向分辨率为4m，采样时间间隔30s，理论上可观测深度为150m。由于该观测点的水深H为472m，因此只观测到上层不到 1/3 水深的流速。其中，CTD 温度、盐度观测的垂向分辨率是 1m，每 3h 观测一次；而 ADCP 海流观测的垂向分辨率为 4m，采样时间间隔为 3min，其有效的采样深度为 10～142m，其中表层以上 10m 的数据由于包含了噪声信号而不可用，而 142m 以深的数据缺失是由于观测仪器本身的限制。由于事先预见在 6 月 14 日 10 时 42 分左右可能会有内孤立波从考察船的底下传播通过，因此船上的科考队员利用 ADCP 进行了时间采样加密观测，将该时段的采样时间间隔设置为 30s。从实测流速资料的分析结果可知，该内孤立波为单峰下凹型波，其通过观测点的周期 T 约为 18.3min，通过时的水平流速最大值为 209.7cm/s（约在 10:53:15 时刻），出现在 58m 层附近，然后往上层及下层峰值逐渐减小，其流向角基本上在 240°～300°。例如，图 2.3 给出了 1998 年 6 月 14 日 10:43:15～11:23:15 期间内孤立波通过观测点前后，

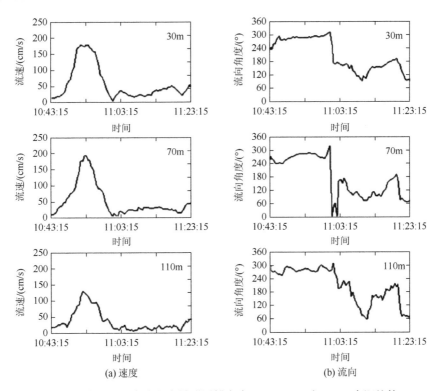

图 2.3　在东沙群岛南部海域附近锚定点 30m、70m 和 110m 水深处的波致水平流速时间序列

在锚定点 30m、70m 和 110m 水深处的波致水平流速时间序列，可以看出，在 10:43:15 时，当内孤立波未到达时，各层的流速均表现为普通的潮流信号，最大流速不超过 20cm/s；而后内孤立波开始通过观测点，流速迅速增大；约在 10:53:15，内孤立波通过观测点的流速达到最大，例如在 30m、70m 和 110m 层处，流速最大值分别达到 180cm/s、200cm/s 和 135cm/s，即是说，整个水层的最大波致流速为 58m 层处（也即主温跃层所处的位置附近）的 209.7cm/s，从该处向上及向下流速均依次衰减。之后，随着时间的推移，内孤立波的波致流速也开始逐渐衰减，各个水层又恢复到普通的潮流信号。

我们将在 6 月 15 日至 22 日未发生内孤立波期间每 3h 的 CTD 资料进行分析，得到内孤立波场的一些背景水文环境参数，如图 2.4 给出了该海域水体浮力频率随水深的分布情况。

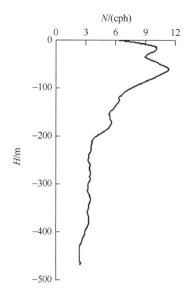

图 2.4　南海北部东沙群岛观测点的浮力频率随水深的分布

cph 表示周/时，即 $2\pi/3600\text{s}$

在暂不考虑背景流的情况下依据方程组（2.4）来求解各个斜压模态的特征函数，可得到内波前 15 个斜压模态的一些特征参数（表 2.1）。

表 2.1　内波前 15 个斜压模态的特征参数

斜压模态数 i	线性相速度 c_i /(cm/s)	非线性参数 α_i /($\times 10^{-3}$ s^{-1})	非线性相速度 V_i /(cm/s)	特征半倍波宽 L_i /m
1	135.5	−11.99	172.6	372
2	68.3	1.41	—	—
3	45.3	−0.95	48.2	327
4	33.5	−1.42	37.9	147
5	26.6	0.22	—	—
6	21.6	0.33	—	—
7	19.2	0.65	—	—
8	16.6	−0.50	18.2	103
9	14.9	0.13	—	—
10	13.3	0.03	—	—
11	12.1	−0.19	12.8	99
12	11.0	−0.56	12.7	85
13	10.2	0.17	—	—
14	9.5	0.36	—	—
15	8.9	−0.64	10.9	33

例如，斜压第一模态的内波线性相速度 $c_1 = 135.5$cm/s、非线性参数 $\alpha_1 = -11.99 \times 10^{-3}$ s^{-1}、非线性相速度 $V_1 = 172.6$cm/s、特征半倍波宽 $L_1 = 372$m。值得注意的是，表 2.1 中当斜压模态数 $i = 2, 5, 6, 7, 9, 10, 13, 14$ 时，对于这个下凹型的内孤立波，非线性参数 α_i 为正值，这表明这些模态是不存在的（因此表中相应模态的非线性相速度和特征半倍波宽一栏用 "—" 表示）；而当斜压模态数 $i = 1, 3, 4, 8, 11, 12, 15$ 时，非线性参数 α_i 为负值，表明这些模态的内波是存在的，相应地可以求出它们对应的特征函数的垂向分布（图略）。考虑在 10:51:15 与在 10:53:15 两个时刻的波致水平流速变化不大（图 2.3），且整个水深与斜压第一模态内波的波长之比 $H/L_W \approx H/(4L_1) = 472/1488 \approx 0.32 < 1$，因此可以用两层模式理论来对内孤立波的振幅 η_0 和下层流速作出估计（Osborne & Burch，1980）：

$$U_1 = c_1\eta_0 / h_1 \tag{2.35}$$

$$U_2 = -c_1\eta_0 / h_2 \tag{2.36}$$

式中，U_1，U_2 分别为上层和下层的最大水平流速。取密度变化梯度最大时所在的深度作为上混合层的下界深度（Foreman & Maskell，1988），由此可以得到上混合层的厚度（即两层模式中的上层无扰动初始厚度）$h_1 = 60\text{m}$。相应地，可以得到下层无扰动初始厚度 $h_2 = H-h_1 = 412\text{m}$。

从实测资料得到 $U_1 = 209.7\text{cm/s}$，由此可从方程（2.35、2.36）计算得到，$\eta_0 = 92.8\text{m}$（因是下凹型波，这里设振幅向下为正），$U_2 = -31\text{cm/s}$（这表明下层最大水平流速较小，而流向与上层的相反）。

接下来我们必须判断该观测点的内孤立波是否符合上述 KdV 浅水理论方程的适用条件。根据方程（2.5），可以计算得到参数 $\dfrac{L}{H} \approx 0.79$，$\dfrac{h}{H} \approx 0.13$，$\dfrac{\eta_0 L^2}{H^3} \approx 0.12$。显然这些不能全部很好地满足方程（2.5）的要求，表明该地观测到的内孤立波不完全符合 KdV 浅水理论方程的适用条件。因此，利用上述的 KdV 浅水理论方程来计算似乎是不合适的。

但是，Xu 等（2011）的研究结果表明，利用上述的 KdV 浅水理论方程来计算是可行的。他们的研究结果表明，内孤立波通过时，主温跃层的弗劳德数（$Fr = |U / c_1|$）大于 1，因此，若以弗劳德数大于 1 作为判断标准，从实测资料的分析结果中可以挑选出南海季风实验观测期间所发生的几个内孤立波事件（这些事件分别发生在 5 月 17 日、5 月 19 日、5 月 24 日、6 月 11 日及 6 月 14 日）。为了简便起见，暂且定义弗劳德数大于 1 的时间为内孤立波波峰通过的时间。于是，从观测数据的分析结果可以得到这 5 个内孤立波通过的时间分别为 6min、9min、9min、9min 和 7.5min。对内孤立波通过时的速度进行平均，并利用下式来计算得到时间平均的速度垂向剪切：

$$S = \sqrt{\left(\frac{\partial \overline{u}}{\partial z}\right)^2 + \left(\frac{\partial \overline{v}}{\partial z}\right)^2} \tag{2.37}$$

上式中的 $\overline{u}$ 和 $\overline{v}$ 分别表示流速的东分量和北分量的时间平均值。通过上式计算

5 个内孤立波的时间平均的速度垂向剪切,并将其与通过 KdV 浅水理论方程的解得到的时间平均的速度垂向剪切相比较,结果如图 2.5 所示,5 个内孤立波事件中实测得到的速度垂向剪切与 KdV 浅水理论方程的解得到的速度垂向剪切结果十分吻合。这说明,在南海季风实验期间所观测到的内孤立波可以认为是 KdV 型的内孤立波。因此,利用上述的 KdV 浅水理论方程来计算内孤立波对圆形桩柱的载荷是可行的。

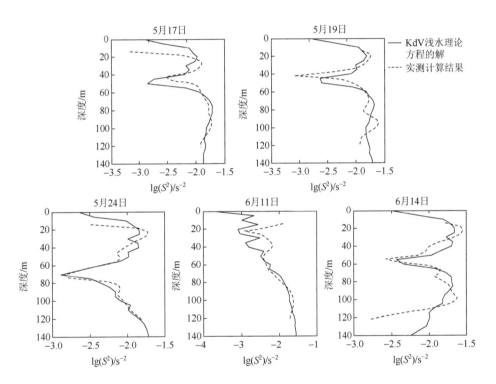

图 2.5   在 5 月 17 日、5 月 19 日、5 月 24 日、6 月 11 日及 6 月 14 日观测到的 5 个内孤立波事件中,内孤立波通过时,时间平均的速度垂向剪切,其中虚线为由实测计算得到的结果,实线为由 KdV 浅水理论方程得到的结果(Xu et al.,2011)

作为一个算例,假设在观测点有一根全部没入水的圆形桩柱,我们将根据上述有限的观测资料来计算内孤立波对它的作用力和力矩。

为方便起见,在计算中选取惯性系数 $C_M = 2.0$,拖曳系数 $C_D = 1.2$,海水

密度 $\rho = 1025\text{kg/m}^3$，圆形桩柱直径 $D = 5.0\text{m}$。首先，取方程（2.27、2.28）中的内孤立波斜压模态数 $i = 1$，3，4 及观测点数 $m = 18$（从 10m 到 146m，每 8m 取一个实测数据），通过求解线性回归方程可以求得第 i 个内孤立波斜压模态的权系数 γ_i 及 $\dfrac{\text{d}W_i}{\text{d}z}$ 的垂向分布，进而可以预测出水平流速在整个水深的垂向分布（图 2.6a）及其流速的加速度值。从中可以看出，实测流速和理论预测得到的流速结果十分吻合。类似地，若取方程（2.28）中的内孤立波斜压模态数 $i = 1, 3, 4, 8$ 以及 $i = 1, 3, 4, 8, 11, 12, 15$，求得不同情形下各个内孤立波斜压模态的权系数 γ_i 及 $\dfrac{\text{d}W_i}{\text{d}z}$ 的垂向分布、对应的水平流速在整个水深的垂向分布（图 2.6b、c）及其流速的加速度。

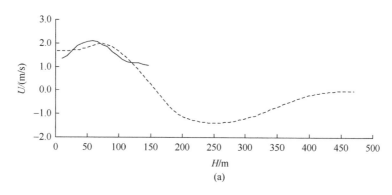

(a)

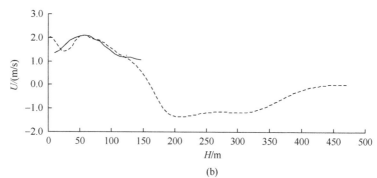

(b)

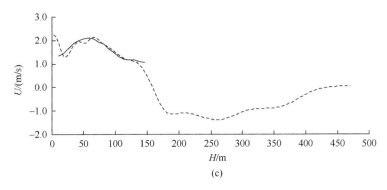

(c)

图 2.6　当计算中选取的实测流速的个数 $m = 18$ 时流速 U 的实测资料（实线）和预测结果（虚线）的比较（Cai et al.，2003）

计算中所保留的内孤立波斜压模态数分别为（a）$i = 1, 3, 4$；（b）$i = 1, 3, 4, 8$；（c）$i = 1, 3, 4, 8, 11, 12, 15$

从图 2.6 可以看到，当计算中选取的实测流速的个数 $m = 18$ 时，水深 150m 以上的实测流速和模式的预测结果还是十分吻合的，特别是，当计算中所保留的内孤立波斜压模态数越多（从模态数目只有 3 个增加至 4 个，到最后的 7 个），则模式的预测流速结果与实测流速结果就越吻合。实际上，这也可以从表 2.2 所列出的求解线性回归方程时相应的均方根误差 S 和复相关系数 r 的结果加以证实。

表 2.2　计算中所保留的内孤立波斜压模态数 $i = 1, 3, 4, 8, 11, 12, 15$ 时不同组合且选取的实测流速的个数为 $m = 18$ 时的解

斜压模态数 i	γ_1	γ_3	γ_4	γ_8	γ_{11}	γ_{12}	γ_{15}	均方根误差 S	复相关系数 r	$F_{max}/(\times 10^4 kN)$	$M_{max}/(\times 10^6 kN \cdot m)$
1, 3	1.15	1.15						0.34	0.26	1.04	7.56
1, 3, 4	1.17	1.36	−0.29					0.26	0.67	1.09	7.68
1, 3, 4, 8	1.18	1.35	−0.28	−0.23				0.23	0.76	1.11	7.74
1, 3, 4, 8, 11	1.18	1.35	−0.29	−0.27	−0.16			0.22	0.80	1.12	7.81
1, 3, 4, 8, 11, 12	1.18	1.34	−0.28	−0.25	−0.06	−0.14		0.20	0.82	1.12	7.81
1, 3, 4, 8, 11, 12, 15	1.19	1.32	−0.28	−0.26	−0.03	−0.19	−0.15	0.18	0.86	1.14	7.88

例如，当内孤立波斜压模态数 $i = 1, 3, 4$ 时，相应的均方根误差 $S = 0.26$，复相关系数 $r = 0.67$；而当内孤立波斜压模态数目增加至 7 个，即 $i = 1, 3, 4, 8, 11, 12, 15$ 时，相应的均方根误差 S 减少为 0.18，而复相关系数 r 增加为 0.86。这表明，当计算中所保留的有效内孤立波斜压模态（即这个模态的内波是实际存在的）数目增加，则模式预测得到的流速计算结果精度提高。那么，如果实测流场的垂向分辨率提高（例如，观测点数 m 增加为 36 个，即意味着从 10m 到 146m，每 4m 取一个实测数据），模式预测得到的流速计算结果精度也相应地提高吗？按照与上述相同的计算流程，计算结果如表 2.3 所示。对比上述两个表的结果，若以均方根误差和复相关系数的结果来判断其计算精确度，两者大体相当；诚然，当 $m = 36$，$i = 1, 3, 4, 8, 11, 12, 15$ 时，均方根误差 $S = 0.17$ 为所有组合情形中的最小值，而复相关系数 $r = 0.88$，这在所有的组合情形中是最大的（表 2.3）。这从一定程度上表明，若实测流场的垂向分辨率提高或者实测数据增加，计算中所保留的有效内孤立波斜压模态数越多，则模式预测得到的流速计算结果精度也会大幅提高。根据全水深的流场预测结果及方程（2.23～2.29），可以求得相应的内孤立波载荷 F_{max} 和 M_{max}，详细计算结果如表 2.2、表 2.3 所示。

表 2.3　计算中所保留的内孤立波斜压模态数目分别为 $i = 1, 3, 4, 8, 11, 12, 15$ 时不同组合且选取的实测流速的个数 $m = 36$ 时的解

斜压模态数 i	γ_1	γ_3	γ_4	γ_8	γ_{11}	γ_{12}	γ_{15}	均方根误差 S	复相关系数 r	$F_{max}/(\times 10^4 kN)$	$M_{max}/(\times 10^6 kN\cdot m)$
1, 3	1.15	1.15						0.37	0.28	1.04	7.56
1, 3, 4	1.17	1.37	−0.31					0.28	0.63	1.10	7.73
1, 3, 4, 8	1.19	1.35	−0.30	−0.25				0.25	0.73	1.13	7.82
1, 3, 4, 8, 11	1.20	1.34	−0.32	−0.30	−0.21			0.22	0.79	1.16	7.94
1, 3, 4, 8, 11, 12	1.20	1.33	−0.31	−0.28	−0.13	−0.12		0.21	0.81	1.16	7.94
1, 3, 4, 8, 11, 12, 15	1.22	1.31	−0.31	−0.30	−0.10	−0.19	−0.19	0.17	0.88	1.18	8.04

可见，虽然不同组合计算中所保留的有效内孤立波斜压模态数有所不同，但是无论是各个斜压模态的权重系数 γ_i 还是相应的内孤立波载荷 F_{max} 和 M_{max} 的计算结果都变化不大，这表明计算所得到的解是收敛的，也表明上述计算方法是有效可行的。例如，γ_1 在 1.15～1.22，γ_3 在 1.15～1.37，F_{max} 为 1.04×10^4～$1.18 \times 10^4 \mathrm{kN}$，$M_{max}$ 为 7.56×10^6～$8.04 \times 10^6 \mathrm{kN \cdot m}$，等等。

从图 2.6 的结果也可以看到，在计算中所保留的斜压模态数越大，则解与实测资料的吻合程度就越高，因为相应的均方根误差 S 越小，复相关系数 r 越大。这一结论与水深 150m 以上（有实测数据的地方）的流速预测结果是相符合的，由于缺乏水深 150m 以下的流速实测资料，下层的流速预测结果是否正确，有待于今后进一步的实测资料来验证。

现在我们来比较一下在同等情况下表面波对圆形桩柱的作用力。对于具有小振幅 A 的余弦形式的表面波，其水位波动满足下述方程：

$$\zeta = \frac{A}{2}\cos(kx - \omega t) \tag{2.38}$$

其流速及其加速度分别为

$$u = \frac{\pi A \cosh(kz)}{T \sinh(kh)}\cos(kx - \omega t) \tag{2.39}$$

$$\frac{\partial u}{\partial t} = -\frac{2\pi^2 A \cosh(2\pi z / L_w)}{T^2 \sinh(2\pi h / L_w)}\sin(kx - \omega t) \tag{2.40}$$

其中 T 为周期，ω 为角频率，波数 $k = 2\pi / L_w$。根据上述各个相关方程，可得到表面波对圆形桩柱的作用力和力矩分别为

$$F_s = \frac{C_D \rho g D A^2 [2kh + \sinh(2kh)]}{16\sinh(kh)}\cos\omega t|\cos\omega t|$$
$$- \frac{C_M \rho g \pi A D^2 \sinh(kh)}{8\cosh(kh)}\sin\omega t \tag{2.41}$$

$$M_s = \frac{C_D \rho g D A^2 [2k^2 h^2 + 2kh \cdot \sinh(2kh) - \cosh(2kh) + 1]}{32k \cdot \sinh(2kh)}\cos\omega t|\cos\omega t|$$

$$-\frac{C_M \rho g \pi A D^2 [kh \cdot \sinh(kh) - \cosh(kh) + 1]}{8k \cdot \cosh(kh)} \sin \omega t \qquad （2.42）$$

同样地，令

$$\frac{\partial F_s}{\partial t} = 0 \qquad （2.43）$$

和

$$\frac{\partial M_s}{\partial t} = 0 \qquad （2.44）$$

可以求得表面波对圆形桩柱的最大作用力 $F_{s\max}$ 和力矩 $M_{s\max}$ 所对应的时刻及 $F_{s\max}$ 和 $M_{s\max}$。假设表面波的振幅 $A = 5.0\text{m}$、波长 $L_W = 3000\text{m}$，在其他参数相同的情况下则可计算得到 $F_{s\max} = 746\text{kN}$，$M_{s\max} = 1.89 \times 10^5 \text{kN·m}$；而当 $A = 5.0\text{m}$、$L_W = 100\text{m}$ 时，则 $F_{s\max} = 986\text{kN}$，$M_{s\max} = 4.50 \times 10^5 \text{kN·m}$。即使将上述结果与表 2.2、表 2.3 中所示的最小载荷情况做比较，即当计算中所保留的有效内孤立波斜压模态数 $i = 1, 3$ 和 $m = 18$ 时，此时内孤立波对圆形桩柱的作用力 $F_{\max} = 1.04 \times 10^4 \text{kN}$，力矩 $M_{\max} = 7.56 \times 10^6 \text{kN·m}$，也就是说，内孤立波对圆形桩柱的载荷远比表面波的载荷要大，特别是，内孤立波波致流对小直径圆形桩柱作用的力矩比表面波作用的力矩要大 10 倍以上，这对于海洋石油平台的建设有重要的参考价值。

上述关于内孤立波对圆形桩柱载荷的计算是复杂的。能否有一种比较简单一些的估算方法呢？实际上，考察一下方程（2.23）就可以发现，内孤立波对小直径圆形桩柱作用力与内孤立波非线性相速度的平方成正比，即 $F_i \propto V_i^2$。而我们知道，对于较高模态的内波，其非线性相速度远远小于斜压第一模态的非线性相速度 V_1（表 2.1）。这表明，较高模态的内波对于圆形桩柱作用力的贡献要远小于斜压第一模态内波。现在我们补充计算一下当仅保留斜压第一模态内波 $i = 1$ 和 $m = 18$ 时这种组合的最大作用力，可以得到 $F_{\max} = 1.13 \times 10^4 \text{kN}$，这个结果仍然位于上述各种组合情形的计算结果范围内。我们计算一下在 $m = 18$

时前面 5 个有效内孤立波斜压模态对总体的圆形桩柱作用力的贡献比例（表
2.4）。可见，斜压第一模态内波对总体的圆形桩柱作用力的贡献是 94.75%，而
其他各个模态内波对总体的圆形桩柱作用力的贡献的总和不超过 6%。因此，
如果我们要简单地估算一下内孤立波对圆形桩柱的最大作用力，只要估算出斜
压第一模态内波对圆形桩柱的作用力就可以了。

表 2.4　m = 18 时前 5 个有效内孤立波斜压模态对总体的圆形桩柱作用力的贡献比例

斜压模态数 i	F_n/kN	贡献百分比/%
1	10 650.00	94.75
3	531.60	4.73
4	40.59	0.36
8	18.21	0.16
11	1.82	0.02

事实上，利用方程（2.27、2.35），可以得到（Cai et al.，2006）：

$$U_{1\max} = -\eta_0 \gamma_1 V_1 \left| \frac{\mathrm{d}W_1}{\mathrm{d}z} \right|_{\max} = -c_1 \eta_0 / h_1 \tag{2.45}$$

于是有

$$\gamma_1 = c_1 / \left(V_1 h_1 \left| \frac{\mathrm{d}W_1}{\mathrm{d}z} \right|_{\max} \right) \tag{2.46}$$

将上式代入方程（2.23）并仅保留斜压第一模态内波对圆形桩柱的作用力，
可得

$$F_g \approx F_1 = \frac{C_D D \rho g \eta_0^2 c_1^2}{2 h_1^2 \left(\frac{\mathrm{d}W_1}{\mathrm{d}z} \right)_{\max}^2} \int_0^h \left(\frac{\mathrm{d}W_1}{\mathrm{d}z} \right)^2 \mathrm{d}z \tag{2.47}$$

从上式可以看到，斜压第一模态内波对圆形桩柱的作用力 F_g 取决于内孤立波

的振幅 η_0、拖曳系数 C_D、圆形桩柱的直径 D、上混合层厚度 h_1、内波线性相速度 c_1 和斜压第一模态内波垂向特征函数的导数 $\dfrac{\mathrm{d}W_1}{\mathrm{d}z}$。

利用方程（2.47），我们可以估算出斜压第一模态内波对圆形桩柱的作用力 F_g 为 $1.11 \times 10^4 \mathrm{kN}$，这个结果与表 2.4 的结果（$F_1 = 10\,650\mathrm{kN}$）非常接近。

方程（2.47）中的内孤立波的振幅 η_0 是根据两层模式的理论及上层最大流速 $U_{1\max}$ 来进行估算的，实际上也可用其他方法来估算内孤立波的振幅 η_0（Whitham，1974；Apel et al.，1985；Gasparovic et al.，1988）。例如取：

$$\eta_0 \approx \Delta T / (\mathrm{d}T / \mathrm{d}z) \tag{2.48}$$

这里假设垂向的温度梯度 $(\mathrm{d}T / \mathrm{d}z)$ 在内孤立波传播期间变化不大。内孤立波的振幅 η_0 也可以按照等温线垂向位移的深度与计算得到的特征函数的最大值所在的深度之差来获得。

此外，我们还可以依据方程（2.47）估算出一个内孤立波波包中每个孤立子波对圆形桩柱的作用力，例如，对于满足 KdV 浅水理论方程、具有 $\mathrm{sech}^2(\varphi)$ 函数型的波包，它的每个孤立子波的振幅可以归一化为（Whitham，1974）

$$A = \left(\frac{N-j}{N-1}\right)^2 \eta_0 \tag{2.49}$$

这里 N 为波包中孤立子波的总数目，j 为波包中紧随先锋波的孤立子波的次序数，而 η_0 为先锋孤立子波的振幅。将上式各个孤立子波的振幅 A 替代方程（2.47）中的 η_0，则可求得相应的计算结果。

2.3 考虑背景流的内孤立波载荷算例

上述的计算是在暂不考虑背景流情况下求解内波特征值及其特征函数的例子，即用方程组（2.4）来求解的。现在的问题是，如果考虑背景流影响作用的情况，则求解内波特征值及其特征函数、相应的内孤立波对圆形桩柱的载荷的变化有多大？为此，我们利用方程组（2.3）来求解背景流作用情况下的内波特征值及其特征函数。这里采用的背景流仍然是根据上述提及的 1998 年 4 月至 7 月南海季风试验期间在南海北部东沙群岛锚定点的上层不到 1/3 水深的流速观测资料进行计算得到的（图 2.7）。

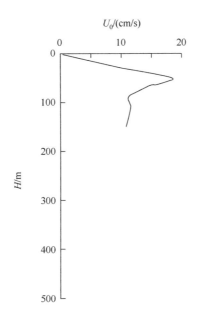

图 2.7　背景流随深度的分布（Cai et al.，2008a）

其中对于 $H>150\text{m}$ 缺乏海流实测资料处，则取 $U_0 = 0$

　　表 2.5 分别给出了不考虑（$U_0 = 0$）和考虑（$U_0 \neq 0$）背景流情况下前 11 个斜压模态的一些内波特征参数（Cai et al.，2008b）。可见，在不考虑和考虑背景流情况下，计算结果有较大的差异。首先，两者分别计算得到的内波线性相速度、非线性参数、非线性相速度和特征半倍波宽的计算值存在明显的变化，例如，对于 $U_0 = 0$ 的情形，斜压第一模态的内波线性相速度 $c_1 = 135.5\text{cm/s}$、非线性参数 $\alpha_i = -11.99\times10^{-3}\text{s}^{-1}$、非线性相速度 $V_1 = 172.6\text{cm/s}$、特征半倍波宽 $L_1 = 372\text{m}$；而当 $U_0 \neq 0$，则相应的斜压第一模态的内波线性相速度 $c_1 = 142.4\text{cm/s}$、非线性参数 $\alpha_i = -20.40\times10^{-3}\text{s}^{-1}$、非线性相速度 $V_1 = 205.5\text{cm/s}$、特征半倍波宽 $L_1 = 255\text{m}$。其次，有效（即实际

存在）的内孤立波斜压模态也各不相同，例如，对于 $U_0 = 0$ 的情形，$i = 1, 3, 4, 8, 11$ 为有效的内孤立波斜压模态数，而当 $U_0 \neq 0$，则相应的有效的内孤立波斜压模态数 $i = 1, 3, 4, 5, 7, 9, 10, 11$。最后，内波振幅的特征函数随水深的分布也有所不同，例如，图 2.8 给出了不考虑和考虑背景流作用情况下斜压第三模态内波的特征函数随水深的变化，可见，在考虑背景流作用情况下的内波振幅衰减快，这表明当背景流的流向与内波的传播方向相反时，背景流对内波振幅有一定的阻尼作用。

表 2.5　不考虑背景流（$U_0 = 0$）和考虑背景流（$U_0 \neq 0$）作用情况下前 11 个斜压模态的一些内波特征参数

斜压模态数 i	线性相速度 c_i/(cm/s)		非线性参数 α_i/($\times 10^{-3}$s^{-1})		非线性相速度 V_i /(cm/s)		特征半倍波宽 L_i /m	
	$U_0 = 0$	$U_0 \neq 0$	$U_0 = 0$	$U_0 \neq 0$	$U_0 = 0$	$U_0 \neq 0$	$U_0 = 0$	$U_0 \neq 0$
1	135.5	142.4	−11.99	−20.40	172.6	205.5	372	255
2	68.3	72.6	1.41	2.95	—	—	—	—
3	45.3	51.3	−0.95	−2.38	48.2	58.7	327	216
4	33.5	41.4	−1.42	−1.73	37.9	46.8	147	141
5	26.6	34.6	0.22	−1.89	—	40.5	—	98
6	21.6	30.7	0.33	0.29	—	—	—	—
7	19.2	27.9	0.65	−0.11	—	31.4	—	83
8	16.6	25.8	−0.50	0.26	18.2	—	103	—
9	14.9	24.2	0.13	−0.58	—	26.0	—	77
10	13.3	23.1	0.03	−3.17	—	32.9	—	31
11	12.1	22.2	−0.19	−0.43	12.8	35.5	99	24

在下面的计算中，由于考虑了背景流 U_g 的影响，因此，方程（2.27）变为

$$U_j(z_j) - U_g = \sum_{i=1}^{n} -\eta_0 \gamma_i V_i \frac{\mathrm{d}W_i(z_j)}{\mathrm{d}z}, \quad j = 1, \cdots, m \qquad (2.50)$$

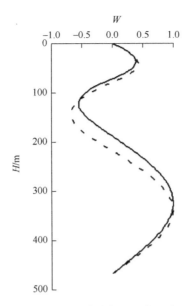

图 2.8　不考虑（用虚线标示）和考虑（用实线标示）背景流 U_0 作用情况下斜压第三模态内波的特征函数（即归一化的振幅 W）随水深 H 的变化（Cai et al., 2008a）

　　接下来的内孤立波对圆形桩柱载荷的计算过程与上述不考虑背景流的情形类似。同时，考虑上述计算过程中惯性系数（$C_M = 2.0$）和拖曳系数（$C_D = 1.2$）的选取过于随意，因此，现在重新选取这两个参数的取值。根据前人的研究结果（Sarpkaya，1976，2001；Lighthill，1986），这两个参数的取值与雷诺数 Re 和 KC 数（Keulegan-Carpenter number）有关，因此，在本例中，$Re = U_{max}D / \nu \approx 9.99 \times 10^6$（这里 ν 为海水的涡动黏性系数），而 $KC = 2\pi\eta_0 / D \approx 116.56$。根据上述相关文献的结果，本例中 C_D 取值为 $0.6 \sim 0.7$，而 C_M 约为 1.8。于是，在下面的计算中，我们取 $C_M = 1.8$，$C_D = 0.6$。为简便起见，我们比较了不考虑和考虑背景流作用情况下保留前 5 个斜压模态内波的作用力和力矩的计算结果（表 2.6）。

　　可见，对于 $U_0 = 0$ 的情形，内孤立波对圆形桩柱的最大作用力 F_{max} 为 $5.18 \times 10^3 \sim 5.79 \times 10^3$ kN，而最大力矩 M_{max} 为 $6.40 \times 10^6 \sim 7.19 \times 10^6$ kN·m，而当 $U_0 \neq 0$，则相应的内孤立波对圆形桩柱的最大作用力 F_{max} 为 $5.32 \times 10^3 \sim 5.92 \times 10^3$ kN，而最大力矩 M_{max} 为 $8.43 \times 10^6 \sim 9.78 \times 10^6$ kN·m。这表明，无论计

表 2.6 不考虑背景流（$U_0=0$）和考虑背景流（$U_0\neq0$）作用情况下保留前 5 个斜压模态内波的作用力和力矩计算结果比较

斜压模态数	$U_0=0$							$U_0\neq0$						
	γ_1	γ_3	γ_4	γ_8	γ_{11}	$F_{max}/(\times 10^3\text{kN})$	$M_{max}/(\times 10^6\text{kN·m})$	γ_1	γ_3	γ_4	γ_5	γ_7	$F_{max}/(\times 10^3\text{kN})$	$M_{max}/(\times 10^6\text{kN·m})$
1	1.22					5.78	7.19	0.86					5.81	9.78
2	1.15	1.15				5.18	6.40	0.80	0.57				5.32	8.87
3	1.17	1.36	−0.29			5.52	6.47	0.85	0.81	−0.51			5.92	8.80
4	1.18	1.35	−0.28	−0.23		5.63	6.55	0.82	0.98	−0.56	−0.22		5.75	8.43
5	1.18	1.35	−0.29	−0.27	−0.16	5.79	6.65	0.83	0.95	−0.54	−0.19	0.09	5.89	8.62

算中保留的内孤立波斜压模态数目是多少，考虑背景流情况下的最大作用力和最大力矩都比不考虑背景流情况下的要大，特别是，考虑背景流情况下的最大力矩比不考虑背景流情况下的最大力矩要大 $2.03 \times 10^6 \sim 2.59 \times 10^6 \text{kN} \cdot \text{m}$，即比不考虑背景流情况下的最大力矩约大 30%。这表明，在海洋石油平台的圆形桩柱设计中，估算内孤立波对圆形桩柱的作用力和力矩时考虑背景流的作用是非常有必要的。

2.4　内孤立波对圆形桩柱载荷的季节性变化

现在还有一个问题值得我们探讨：由于南海的水体层结季节性变化明显，对于南海大陆架上同一地点，即便内孤立波振幅相同，内孤立波作用于圆形桩柱载荷的大小是否也存在着明显的季节性变化？这是海洋石油平台建设中一个不可忽视的问题。为了简要地回答这个问题，我们暂不考虑背景流的作用，同时仅考虑斜压第一模态内波的作用，于是内孤立波作用于圆形桩柱的作用力和力矩可以简化为

$$F_1 = -\frac{1}{2}\rho C_D D \eta_0^2 V_1^2 \operatorname{sech}^4(\varphi_1) \int_0^{-H} \frac{\mathrm{d}W_1}{\mathrm{d}z} \left| \frac{\mathrm{d}W_1}{\mathrm{d}z} \right| \mathrm{d}z \tag{2.51}$$

$$M_{1I} = -\frac{1}{2}C_M \rho \eta_0^2 V_1^2 \frac{\pi D^2}{L_1} \operatorname{sech}^2(\varphi_1) \tanh(\varphi_1) \int_0^{-H} z \frac{\mathrm{d}W_1}{\mathrm{d}z} \mathrm{d}z \tag{2.52}$$

$$M_{1D} = -\frac{1}{2}C_D \rho \eta_0^2 D V_1^2 \operatorname{sech}^4(\varphi_1) \int_0^{-H} z \frac{\mathrm{d}W_1}{\mathrm{d}z} \left| \frac{\mathrm{d}W_1}{\mathrm{d}z} \right| \mathrm{d}z \tag{2.53}$$

其中，我们将最大力矩 $M_{\max}$ 分成惯性力矩分量 M_{1I} 和拖曳力矩分量 M_{1D} 两个组成部分以便于下述的讨论。

图 2.9 给出了根据气候态月平均温盐资料计算得到的位于南海（20.5°N，116.5°E）位置的 3 月、6 月、9 月和 12 月的浮力频率 N 的垂向分布，该地水深约 300m。由该图可见，该地的水体层结程度随季节变化十分明显：3 月，

密度跃层约位于 75m，最大浮力频率约 7.6cph[①]；6 月，密度跃层约位于 30m，最大浮力频率约 12.05cph；9 月，密度跃层约位于 50m，最大浮力频率约 10.97cph；12 月，密度跃层约位于 125m，最大浮力频率约 8.54cph。

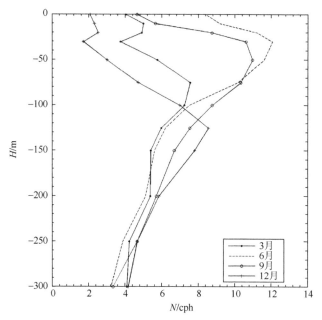

图 2.9 依据气候态月平均温盐资料计算得到的位于南海（20.5°N，116.5°E）位置的 3 月、6 月、9 月和 12 月的浮力频率随水深的变化（Cai et al.，2014）

根据浮力频率随水深的分布，可以计算得到上述 4 个月份的归一化内波振幅（图 2.10）。

可见，各月的内波振幅随水深的变化也有所不同，例如，尽管在 3 月、9 月和 12 月的最大内波振幅均出现在 125m 水深处，但在其他深度处的内波振幅则存在差异；而在 6 月，最大内波振幅出现在 100m 水深处。相应地，从表 2.7 计算得到的不同月份斜压第一模态内波线性相速度、非线性参数、非线性相速度和特征半倍波宽的结果来看也差异较大。例如，6 月的斜压第一模态内波线性相速度、非线性参数、非线性相速度和特征半倍波宽分别为

———————————

① cph 在本书中表示周/时，即 $2\pi / 3600s$ 。

1.09m/s、$-1.04\times10^{-2}\text{s}^{-1}$、1.30m/s 和 299.1m，而在 9 月则分别为 1.19m/s、
$-0.81\times10^{-2}\text{s}^{-1}$、1.36m/s 和 360.0m。

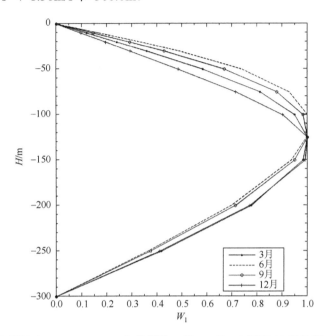

图 2.10　位于南海（20.5°N，116.5°E）位置的 3 月、6 月、9 月和 12 月的归一化内波振幅
W_1 随水深的分布（Cai et al.，2014）

表 2.7　各月的内波特征参数及其相应的内波对小直径圆形桩柱的载荷

月份	密度跃层深度 h_m/m	最大浮力频率 N_m /(cph)	线性相速度 c_1/(m/s)	非线性参数 α_1/($\times10^{-2}\text{s}^{-1}$)	非线性相速度 V_1 /(m/s)	特征半倍波宽 L_1 /m	最大作用力 $F_{\max}$/kN	最大力矩 $M_{\max}$/ ($\times10^3$kN·m)
3	75.0	7.60	0.95	-0.31	1.02	526.3	6.66	8.10
6	30.0	12.05	1.09	-1.04	1.30	299.1	38.08	11.13
9	50.0	10.97	1.19	-0.81	1.36	360.0	29.55	12.51
12	125.0	8.54	1.09	-0.17	1.12	747.9	3.89	9.31

为了简便起见，我们假设该地的水体密度 $\rho=1025\text{kg/m}^3$，内孤立波的振幅 $\eta_0=-60\text{m}$，小直径圆形桩柱的直径为 $D=5.0\text{m}$，并以此计算内孤立波对小直径圆形桩柱的载荷。在本算例中，$Re=V_1D/\nu=5.08\times10^6\sim6.78\times10^6$，

而 KC $= 2\pi\eta_0 / D \approx 75.36$，于是，根据相关文献（Sarpkaya，1976，2001；Lighthill，1986）的结果，C_D 取值为 0.6～0.7，C_M 约为 1.8。在下述的计算中，我们取 $C_M = 1.8$，$C_D = 0.6$。表 2.7 给出了根据上述载荷公式计算得到的各月内孤立波对小直径圆形桩柱的载荷，可见，各月内孤立波对小直径圆形桩柱的最大作用力 F_{max} 约为 3.89～38.08kN，且在 6 月达到最大值，而各月内孤立波对小直径圆形桩柱的最大力矩 M_{max} 约为 8.10×10^3～12.51×10^3kN·m，且在 9 月达到最大值。值得注意的是，内孤立波对小直径圆形桩柱的最大作用力随时间变化较大，而且最大作用力和最大力矩并非同时出现。

根据方程（2.18、2.19），可计算得到斜压第一模态内孤立波波致水平流速 u_1 及其加速度 $\partial u_1 / \partial t$ 随水深及时间的变化。例如，图 2.11 给出了 6 月在小直径圆形桩柱圆心 $x = 0$ 处两个参数随水深及时间变化的分布情形。

可见，此时在表层斜压第一模态内孤立波最大波致水平流速超过 130cm/s（图 2.11a），而后波致水平流速随深度和时间增加而减小，直至在约 110m 水深处减小为 0，而在该零速度深度之下，最大波致水平流速流向改变并随深度增加而增大，在海底处达到负的最大值−55cm/s。斜压第一模态波致水平流速的加速度在到达小直径圆形桩柱圆心 $x = 0$ 处之前及之后随水深的变化分布则呈现为反对称分布（图 2.11b）。由此可见，上层水体的波致水平流速方向与下层是相反的，因此，如果桩腿的浸水深度 h_i 与该地的水深 H 相同，则圆形桩柱上层所受到的作用力方向与下层的也一样是相反的。但有时对于如 Spar 那样的平台桩腿，它们是由锚链锚定而悬浮在海水中的，如果此时桩腿的浸水深度 h_i 恰好与波致水平流速的零速度深度相同，则此时其所受的内孤立波作用力将达到最大。为此表 2.8 给出在这种情形下各月的内孤立波对小直径圆形桩柱的载荷结果。可见，此时悬浮桩腿所受的最大作用力 F_{max} 远比桩腿完全触及海底时所受的最大作用力 F_{max} 要大得多，但是最大力矩的情形恰好相反。例如，在 3 月，悬浮桩腿的浸水深度为 140m 时其所受的最大作用力和最大力矩分别为 46.71kN 和 1.89×10^3kN·m（而桩腿完全触及海底时其所受的最大作用力和最大力矩则分别为 6.66kN 和

$8.10 \times 10^3 \text{kN·m}$）；在 6 月，悬浮桩腿的浸水深度为 110m 时其所受的最大作用力和最大力矩分别为 94.43kN 和 $2.70 \times 10^3 \text{kN·m}$（而桩腿完全触及海底时其所受的最大作用力和最大力矩则分别为 38.08kN 和 $11.13 \times 10^3 \text{kN·m}$）；在 9 月，悬浮桩腿的浸水深度为 140m 时其所受的最大作用力和最大力矩分别为 93.18kN 和 $3.12 \times 10^3 \text{kN·m}$（而桩腿完全触及海底时其所受的最大作用力和最大力矩则分别为 29.55kN 和 $12.51 \times 10^3 \text{kN·m}$）；在 12 月，悬浮桩腿的浸水深度为 140m 时其所受的最大作用力和最大力矩分别为 52.32kN 和 $2.70 \times 10^3 \text{kN·m}$（而桩腿完全触及海底时其所受的最大作用力和最大力矩则分别为 3.89kN 和 $9.31 \times 10^3 \text{kN·m}$）。可见，悬浮桩腿所受的最大作用力大概比桩腿完全触及海底时所受的最大作用力大几倍至几十倍，而前者所受的最大力矩则比后者的小几倍。这是因为，作用力的大小取决于波致水平流速，由于上下层的波致水平流速方向相反，因此，当桩腿的浸水深度恰好与波致水平流速的零速度深度相同时，其所受的内波作用力达到最大；而力矩的大小取决于波致水平流速与桩腿浸水深度的乘积积分，因此，尽管上层的波致水平流速大于下层的，但由于下层的厚度远比上层的大，积分后得到的力矩反而是在桩腿完全触及海底时达到最大。

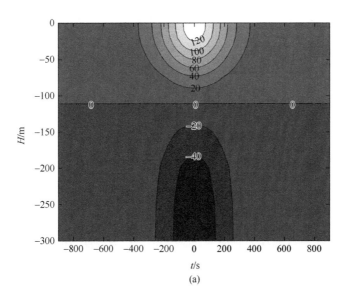

(a)

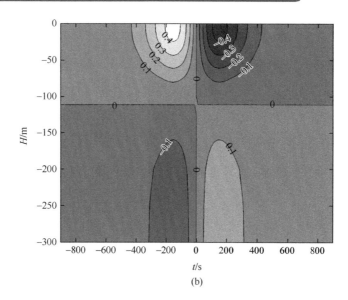

(b)

图 2.11　位于南海（21.5°N，116.5°E）处 6 月的斜压第一模态内孤立波（a）波致水平流速 u_1（单位：cm/s）及（b）加速度 $\partial u_1 / \partial t$（单位：cm/s²）随水深和通过该点的时间 t（单位：s）的分布（Cai et al.，2014）

表 2.8　悬浮桩腿的浸水深度 h_i 恰好与波致水平流速的零速度深度相同时各月的内孤立波对小直径圆形桩柱的载荷

月份	悬浮桩腿的浸水深度 h_i/m	最大作用力 F_{max}/kN	最大力矩 M_{max}/($\times 10^3$kN·m)
3	140	46.71	1.89
6	110	94.43	2.70
9	140	93.18	3.12
12	140	52.32	2.70

为了更深入地探讨水体层结程度的变化对内孤立波载荷的影响情况，我们将通过引入一个三参数层结模式来进行研究（Cai et al.，2014）。依据这个三参数层结模式（Pan et al.，2007）可以将水深 z 处的浮力频率 $N(z)$ 定义为

$$N(z) = \frac{N_m}{C_1(z/H+C_2)^2+1} \tag{2.54}$$

这里 N_m 是所在海区的浮力频率 N 的最大值，$C_1 = (2H/\delta h)^2$，$C_2 = h/H$，δh 为水体的浮力频率达到最大值 N_m 一半时所在深度的上下界之差（这里将它定

义为温跃层的厚度），h 为温跃层的深度。

现在我们利用这个三参数层结模式来模拟位于南海（21.5°N，116.5°E）处 6 月的浮力频率 N 随水深的变化（图 2.12 的曲线 S_0），它仍然是根据南海 1°×1°网格的标准层温度、盐度月平均气候态资料（Corkright et al.，2002）计算得到的。

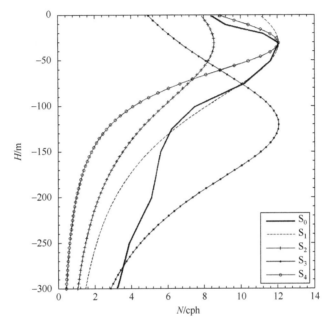

图 2.12　位于南海（21.5°N，116.5°E）处 6 月的浮力频率（曲线 S_0）以及由三参数层结模式模拟得到的 4 类水体层结情况的浮力频率（曲线 S_1、S_2、S_3 和 S_4）随水深的变化（Cai et al.，2014）

首先，在三参数层结模式中，取 H、h、δh 和 N_m 分别为 300m、30m、200m 和 12.05cph，由图 2.12 可见，在此情况下模拟得到的水体浮力频率（曲线 S_1）随水深的分布趋势与曲线 S_0 的大体相近，只是在靠近下层水深处的浮力频率相对较小，但因为我们并非刻意去追求两者完全一致，而是为了探讨水体层结的浮力频率最大值 N_m、温跃层深度 h、温跃层厚度 δh 三者改变时相应的水体层结程度的变化对内孤立波载荷的影响，所以这些相对轻微的差异不会影响对所要解决的本质问题的认识。其次，我们在曲线 S_1 的基础上，通过调整方程（2.54）中的各个参数取值（表 2.9），即分别通过将浮力频率最大值 N_m 减少为 8.54cph

（其他参数不变，于是可得到曲线 S_2）、温跃层深度 h 加深为 120m（其他参数不变，于是可得到曲线 S_3）和温跃层厚度 δh 变薄为 100m（其他参数不变，于是可得到曲线 S_4）等方式得到另外 3 类水体层结情况（图 2.12）。最后，依据上述相同的方法，可以求得 4 类水体层结情况下的斜压第一模态内波相速度和特征函数 W_1 的垂向分布（图 2.13）。

表 2.9　计算 4 类水体层结情况的浮力频率时对应于方程（2.54）中的各个参数的取值

水体层结类型	温跃层深度 h/m	浮力频率最大值 N_m/cph	温跃层的厚度 δh/m
S_1	30	12.05	200
S_2	30	8.54	200
S_3	120	12.05	200
S_4	30	12.05	100

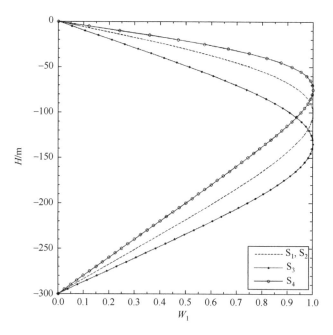

图 2.13　4 种水体层结情况下的斜压第一模态内波相速度和特征函数 W_1 的垂向分布
（Cai et al.，2014）

注：这里曲线 S_1 和 S_2 重叠在一起

　　表 2.10 给出了 4 类水体层结情况的斜压第一模态的内波线性相速度 c_1、非线性参数 α_1、非线性相速度 V_1、特征半倍波宽 L_1、最大作用力 F_{max}、最大力矩 M_{max} 及其分量 M_{1I} 和 M_{1D} 的计算结果。可见，惯性力矩分量 M_{1I} 远小于拖曳力矩分量 M_{1D}，也即是说，最大力矩 M_{max} 的主要贡献来自拖曳力矩分量 M_{1D}。以水体层结类型 S_1 为例，计算得到的内波线性相速度 c_1、非线性参数 α_1、非线性相速度 V_1、特征半倍波宽 L_1、最大作用力 F_{max}、最大力矩 M_{max} 分别为 113cm/s、$-1.39 \times 10^{-2} \mathrm{s}^{-1}$、141cm/s、251m、76.11kN 和 $10.24 \times 10^3 \mathrm{kN \cdot m}$；而对于水体层结类型 S_2，由于浮力频率最大值 N_m 减小，线性相速度 c_1 和非线性相速度 V_1 分别减小为 80cm/s 和 100cm/s，根据方程（2.51～2.53）可知，作用力和力矩随着非线性相速度的减小而减小，因此，相应的最大作用力 F_{max} 和力矩 M_{max} 减小为 38.21kN 和 $5.14 \times 10^3 \mathrm{kN \cdot m}$；对于水体层结类型 S_3，由于温跃层深度 h 加深，线性相速度 c_1 和非线性相速度 V_1 分别增大为 164cm/s 和 174cm/s，根据方程（2.51～2.53）可知，作用力随着 $\int_0^{-H} \dfrac{\mathrm{d}W_1}{\mathrm{d}z}\left|\dfrac{\mathrm{d}W_1}{\mathrm{d}z}\right|\mathrm{d}z$ 的减小而减小，相应的最大作用力 F_{max} 减小为 28.88kN，而力矩随着 $\dfrac{1}{L_1}\int_0^{-H} z\dfrac{\mathrm{d}W_1}{\mathrm{d}z}\mathrm{d}z$ 和 $\int_0^{-H} z\dfrac{\mathrm{d}W_1}{\mathrm{d}z}\left|\dfrac{\mathrm{d}W_1}{\mathrm{d}z}\right|\mathrm{d}z$ 的增加而增加，因此，虽然惯性力矩分量 M_{1I} 随着特征半倍波宽 L_1 的增加而减小为 $0.23 \times 10^3 \mathrm{kN \cdot m}$，但它对总力矩 M_{max} 的贡献小于拖曳力矩分量 M_{1D}，并且由于 $\int_0^{-H} z\dfrac{\mathrm{d}W_1}{\mathrm{d}z}\left|\dfrac{\mathrm{d}W_1}{\mathrm{d}z}\right|\mathrm{d}z$ 大幅增加，拖曳力矩分量 M_{1D}（$20.57 \times 10^3 \mathrm{kN \cdot m}$）和力矩 M_{max}（$20.80 \times 10^3 \mathrm{kN \cdot m}$）仍然增加；对于水体层结类型 S_4，由于温跃层厚度 δh 变薄，尽管内波非线性相速度 V_1 减小为 115cm/s，但由于 $\int_0^{-H} z\dfrac{\mathrm{d}W_1}{\mathrm{d}z}\left|\dfrac{\mathrm{d}W_1}{\mathrm{d}z}\right|\mathrm{d}z$ 大幅增加，相应的最大作用力 F_{max} 增加为 91.23kN，同时惯性力矩分量 M_{1I} 随着特征半倍波宽 L_1 的减小而增加为 $1.60 \times 10^3 \mathrm{kN \cdot m}$，但它对总力矩 M_{max} 的贡献小于拖曳力矩分量 M_{1D}，并且由于 $\int_0^{-H} z\dfrac{\mathrm{d}W_1}{\mathrm{d}z}\left|\dfrac{\mathrm{d}W_1}{\mathrm{d}z}\right|\mathrm{d}z$ 大幅减小，拖曳力矩分量 M_{1D}（$3.78 \times 10^3 \mathrm{kN \cdot m}$）和力矩 M_{max}（$5.38 \times 10^3 \mathrm{kN \cdot m}$）仍

然减小。这表明，即使在内孤立波振幅不变的情况下，在同一海区，若水体层结加强（如层结类型 S_2 相对于层结类型 S_1），则内孤立波最大作用力 F_{max} 和最大力矩 M_{max} 增加；若温跃层深度加深（如层结类型 S_1 相对于层结类型 S_3），则内孤立波最大作用力 F_{max} 减小但最大力矩 M_{max} 增加；若温跃层厚度变薄（如层结类型 S_1 相对于层结类型 S_4），则内孤立波最大作用力 F_{max} 增加但最大力矩 M_{max} 减小。

表 2.10   斜压第一模态的内波特征参数及相应的载荷

水体层结类型	线性相速度 c_1/(cm/s)	非线性参数 α_1/($\times 10^{-2}s^{-1}$)	非线性相速度 V_1/(cm/s)	特征半倍波宽 L_1/m	F_{max}/kN	M_{1I}/($\times 10^3$kN·m)	M_{1D}/($\times 10^3$kN·m)	M_{max}/($\times 10^3$kN·m)
S_1	113	−1.39	141	251	76.11	0.93	9.31	10.24
S_2	80	−0.99	100	251	38.21	0.47	4.67	5.14
S_3	164	−0.50	174	547	28.88	0.23	20.57	20.80
S_4	79	−1.78	115	163	91.23	1.60	3.78	5.38

2.5   本 章 小 结

本章首先比较详细地介绍了内波模态分离法、利用 Morison 公式来估算内孤立波对小直径圆形桩柱载荷的方法；之后结合南海实测内孤立波的资料，分别展示了在考虑和不考虑背景流情况下估算内孤立波对圆形桩柱的作用力和力矩的算例，并揭示了内孤立波对圆形桩柱的载荷季节性变化的成因。

研究结果表明：①跟表面波相比，内孤立波对圆形桩柱的载荷要大得多；②较高模态内波对圆形桩柱作用力远小于斜压第一模态内波，因而推导出仅用斜压第一模态内波来近似估算内波对圆形桩柱载荷的简化算法；③指出了内孤立波对圆形桩柱载荷大小因水体层结的季节性变化而变化，即：水体层结越强，载荷越大；水体跃层深度变深，作用力减小但力矩增大；水体跃层宽度变窄，作用力增大但力矩减小；等等。

第3章 大振幅内孤立波载荷的计算理论及应用

在第 2 章中，我们利用 KdV 浅水理论方程对一些实测数据进行处理，给出了内孤立波载荷的计算方法。然而，由于 KdV 浅水理论采用了弱非线性假设，其不能很好地表达大振幅内孤立波的特点（Helfrich & Melville，2006）。KdV 浅水理论是建立在弱非线性、弱色散且两者平衡条件下的一类内孤立波理论，因此，对于小振幅内孤立波，KdV 浅水理论与实验室的实验结果相符；但对于大振幅内孤立波，KdV 浅水理论明显与实验结果不符（Sveen et al.，2002）。实际上，当海洋中的内孤立波从深水向浅水传播时，低阶非线性项可能在临界深度附近从负值变为 0 甚至正值，此时 KdV 浅水理论就不适用了；因而必须对 KdV 浅水理论方程进行修正，例如，在方程中加入高阶的三次方非线性项等，所得的修正方程称为 eKdV 或 mKdV 方程（Apel et al.，2007）。若再进一步，为克服上述理论中弱非线性这个限制性条件，就必须建立适用于强非线性内孤立波的理论，如 Miyata-Choi-Camassa（MCC）理论（Choi & Camassa，1999；Helfrich & Melville，2006）、Ostrovsky-Grue 方程或 Gardner 方程（Fructus & Grue，2004）等。由于 MCC 理论是在全非线性假设下获得的理论，它能够很好地反映大振幅内孤立波的特点。因此，在本章中我们将使用 MCC 理论来计算大振幅内孤立波的载荷并通过与用 KdV 浅水理论结果的比较来认识大振幅内孤立波载荷的特点（谢皆烁，2010；Xie et al.，2010）。

本章的安排如下：在 3.1 节中简要地介绍全非线性的 MCC 理论，并介绍一个大振幅内孤立波的实测结果，说明弱非线性的 KdV 浅水理论确实不能有效解释这种波动特征；在 3.2 节中，利用一个由粒子图像测速法（particle image velocimetry，PIV）实测得到的瞬时速度与波面位移的关系计算两种理论下内孤立波的水平速度场与加速度场，并将速度场的结果与一些实验数据做比较；在 3.3 节利用 Morison 公式计算两种理论下各种振幅的内波载荷，最后在 3.4 节进行了小结。

3.1　大振幅内孤立波理论与实测结果的分析

3.1.1　MCC 方程与 KdV 方程的导出

首先，简要地介绍一下 MCC 方程（Choi & Camassa，1999），并说明其与 KdV 浅水理论方程的关系。如图 3.1 所示的两层流体中，考虑二维的情形，各种参数如图所示，内孤立波的波幅 a、特征波长 L_d，跃层的厚度变化为 $\zeta(x,t)$，上下两层未经扰动的流体（密度分别为 ρ_1、ρ_2）厚度分别为 h_1、h_2，$\alpha = a / h_1$，$\varepsilon = h_1 / L_d$，α 与 ε 被用来描述内孤立波的非线性与色散性。

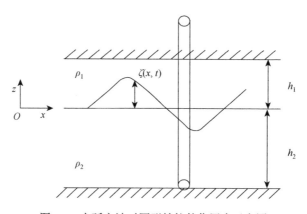

图 3.1　内孤立波对圆形桩柱的作用力示意图

对于无黏性、不可压缩的两层流体，在笛卡儿 x-z 坐标下，速度 (u_i, w_i) 及压力 p_i 满足如下连续性方程和欧拉方程：

$$u_{ix} + w_{iz} = 0 \tag{3.1}$$

$$u_{it} + u_i u_{ix} + w_i u_{iz} = -p_{ix} / \rho_i \tag{3.2}$$

$$w_{it} + u_i w_{ix} + w_i w_{iz} = -p_{iz} / \rho_i - g \tag{3.3}$$

其中 g 是重力加速度，$i=1,2$，分别代表上下两层流体。

在界面 $z=\zeta(x,t)$ 上，满足法向速度连续与压力连续：

$$\zeta_t + u_1\zeta_x = w_1, \zeta_t + u_2\zeta_x = w_2, p_1 = p_2 \tag{3.4}$$

在上下层的刚性界面上满足运动学边界条件：

$$w_1(x,h_1,t)=0, w_2(x,-h_2,t)=0 \tag{3.5}$$

对所研究的内波作长波假设，根据连续性方程（3.1），可得如下的尺度关系：

$$w/u = O(h/L) = O(\varepsilon) \ll 1 \tag{3.6}$$

如果内波为有限振幅波，则有如下尺度关系：

$$u_i/c_1 = O(\zeta/h_i) = O(\alpha) = O(1) \tag{3.7}$$

其中 $c_1 = \sqrt{gh_1}$ 是内波线性相速度。

在此假设下，对控制方程（3.1～3.5）做层平均及系统渐进展开处理，得到描述内波的全非线性耦合 MCC 方程为

$$\eta_{1t} + (\eta_1\overline{u_1})_x = 0, \quad \eta_1 = h_1 - \zeta \tag{3.8}$$

$$\eta_{2t} + (\eta_2\overline{u_2})_x = 0, \quad \eta_2 = h_2 - \zeta \tag{3.9}$$

$$\overline{u_{1t}} + \overline{u_1 u_{1x}} + g\zeta_x = -\frac{P_x}{\rho_1} + \frac{1}{\eta_1}\left(\frac{1}{3}\eta_1^3 G_1\right)_x + O(\varepsilon^4) \tag{3.10}$$

$$\overline{u_{2t}} + \overline{u_2 u_{2x}} + g\zeta_x = -\frac{P_x}{\rho_2} + \frac{1}{\eta_2}\left(\frac{1}{3}\eta_2^3 G_2\right)_x + O(\varepsilon^4) \tag{3.11}$$

其中

$$\overline{u_1}(x,t) = \frac{1}{\eta_1}\int_\zeta^{h_1} u_1(x,z,t)\mathrm{d}z, \quad \overline{u_2}(x,t) = \frac{1}{\eta_2}\int_{-h_2}^\zeta u_2(x,z,t)\mathrm{d}z$$

$$P(x,t) = p_2(x,\zeta,t), \quad G_i(x,t) = \overline{u_{i\,xt}} + \overline{u_i u_{i\,xx}} - (\overline{u_{i\,x}})^2$$

上面的全非线性耦合 MCC 方程是在有限振幅波的假设（3.7）条件下得到的，如果假设波动为小振幅，则有相应于方程（3.7）的如下尺度关系：

$$u_i/c_1 = O(\zeta/h_i) = O(\alpha) = O(\varepsilon^2) \tag{3.12}$$

在这个尺度关系下，方程（3.10、3.11）中的 $O(\varepsilon^2)$ 阶非线性色散项近似为

$$\frac{1}{\eta_i}\left(\frac{1}{3}\eta_i^3 G_i\right)_x \to \frac{1}{3}h_i^2\overline{u_{ixx}t}$$

从而方程（3.8～3.11）变成了两层流体中的弱非线性内波方程：

$$\eta_{1t}+(\eta_1\overline{u_1})_x=0,\quad \eta_1=h_1-\zeta \tag{3.13}$$

$$\eta_{2t}+(\eta_2\overline{u_2})_x=0,\quad \eta_2=h_2-\zeta \tag{3.14}$$

$$\overline{u_{1t}}+\overline{u_1u_{1x}}+g\zeta_x=-\frac{P_x}{\rho_1}+\frac{1}{3}h_1^2\overline{u_{1xx}t}+O(\varepsilon^4) \tag{3.15}$$

$$\overline{u_{2t}}+\overline{u_2u_{2x}}+g\zeta_x=-\frac{P_x}{\rho_2}+\frac{1}{3}h_2^2\overline{u_{2xx}t}+O(\varepsilon^4) \tag{3.16}$$

对于以线性相速度 c 从左向右单向传播的波动，可做如下处理：

$$\zeta(x,t)=\zeta(X),\overline{u_i}(x,t)=\overline{u_i}(X),\quad X=x-ct \tag{3.17}$$

通过简化求解，对于全非线性的耦合 MCC 方程（3.8～3.11），利用方程（3.17），可得到其单向传播波的解表达式为

$$(\zeta_X)^2=\left[\frac{3g(\rho_2-\rho_1)}{c^2(\rho_1 h_1^2-\rho_2 h_2^2)}\right]\frac{\zeta^2(\zeta-a_-)(\zeta-a_+)}{(\zeta-a_*)} \tag{3.18}$$

其中，$a_*=-\dfrac{h_1 h_2(\rho_1 h_1+\rho_2 h_2)}{(\rho_1 h_1^2-\rho_2 h_2^2)}$，$a_-,a_+$ 满足 $a_-<a_+$，它们是二次方程：

$$\zeta^2+q_1\zeta+q_2=0 \tag{3.19}$$

的两个根，其中 $q_1=-\dfrac{c^2}{g}-h_1+h_2$，$q_2=h_1 h_2\left(\dfrac{c^2}{c_0^2}-1\right)$。

解表达式（3.18）是一个不显含 X 的常微分方程，经过合适的变换进行椭圆积分可以求得其解。

由方程（3.19）可以求得波动的最大振幅为

$$a_m=\frac{h_1-h_2(\rho_1/\rho_2)^{\frac{1}{2}}}{1+(\rho_1/\rho_2)^{\frac{1}{2}}} \tag{3.20}$$

当波动振幅超过最大振幅时，会导致亥姆霍兹不稳定（Helmholtz instability）（Grue et al., 1999），此时由方程（3.18）表达的孤立子解实际上是不存在的。

同样，利用方程（3.17），通过简化求解弱非线性内波方程（3.13～3.16），可得到界面 ζ 的 KdV 浅水理论方程：

$$\zeta_t + c_0\zeta_x + c_1\zeta\zeta_x + c_2\zeta_{xxx} = 0 \tag{3.21}$$

其中，$c_0^2 = \dfrac{gh_1h_2(\rho_2 - \rho_1)}{(\rho_1h_2 + \rho_2h_1)}$，$c_1 = -\dfrac{3c_0}{2}\dfrac{\rho_1h_2^2 - \rho_2h_1^2}{(\rho_1h_2^2 + \rho_2h_1^2h_2)}$，$c_2 = \dfrac{c_0}{6}\dfrac{\rho_1h_1^2h_2 + \rho_2h_1h_2^2}{(\rho_1h_2 + \rho_2h_1)}$，

其解表达式（孤立子解）为

$$\zeta_{\text{KdV}}(X) = a\,\text{sech}^2(X / \lambda_{\text{KdV}}), \qquad X = x - ct \tag{3.22}$$

其中，$(\lambda_{\text{KdV}})^2 = \dfrac{12c_2}{ac_1}$，$c = c_0 + \dfrac{c_1}{3}a$。

以上简要地介绍了分别在方程（3.7）和方程（3.12）的假设条件下得到的描述内波的全非线性耦合 MCC 方程（3.8～3.11）和弱非线性 KdV 浅水理论方程（3.13～3.16），以及它们相应的解表达式（3.18）和解表达式（3.22）。

3.1.2 大振幅内孤立波的实测结果及其与 KdV 浅水理论解的比较分析

海洋中的大振幅内孤立波往往对海洋石油平台等结构物的破坏力巨大。2001 年 5 月，以美国为主的多个国家和地区在南海北部开展了一次联合声学观测（ASIAEX），获得了很多内孤立波的现场观测资料。Duda 等（2004）利用一套潜标，于 2001 年 5 月 8～10 日在一水深为 350m 的观测站点处每隔 1min 采集得到温度实测数据。他们利用 KdV 浅水理论的解表达式（3.22）来反演实测得到内孤立波振幅。

结果表明，对于 5 月 9 日、10 日获得的等温线，由于波动振幅相对较小，KdV 浅水理论能够很好地近似观测得到的因内孤立波活动引起的等温线分布，然而在 5 月 8 日的观测中，观测得到的等温线的最大下陷深度达到 165m，波峰处比较平坦，这是一种典型的大振幅内孤立波，而用 KdV 浅水理论反演得到的解在波峰处比较尖锐，它无法近似表达实测得到的这种平坦的波峰——这表明 KdV 浅水理论反演得到的解与实测大振幅内孤立波存在着很大的偏差。也就是说，小振幅假设方程（3.12）下的弱非线性 KdV 浅水理论在描述大振幅

内孤立波方面存在着不足，对大振幅平坦波峰的更精确近似，需要用更高阶的弱非线性近似或者采用有限振幅假设方程（3.7），即采用强非线性内孤立波的表达式（3.18）来近似（Helfrich & Melville，2006）。

3.2　内孤立波波形、瞬时速度及加速度

Grue 等（1999）通过利用全非线性的欧拉方程对内孤立波进行数值模拟，计算了波形和瞬时速度，并与 KdV 浅水理论的结果及实验数据进行了比较，结果表明，在大振幅内孤立波条件下，利用全非线性方程模型进行数值模拟计算得到的波形和瞬时速度比用 KdV 浅水理论得到的结果更符合实际情况。

这里我们利用一个由 PIV 实测得到的内孤立波瞬时速度与波面位移的关系，计算了两种理论下内孤立波的水平速度场与加速度场的分布，并将两种理论结果分别与 Grue 等（1999）的实验数据做比较，来说明用全非线性的耦合 MCC 方程计算的内孤立波波形与瞬时速度比用弱非线性的 KdV 浅水理论方程计算的结果更加准确。

我们仍取 Grue 等（1999）在实验中用到的参量 $h_2/h_1 = 4.13$、$\rho_1 = 999\text{kg/m}^3$ 和 $\rho_2 = 1022\text{kg/m}^3$ 来进行计算，由方程（3.20）可知，此时的最大内孤立波振幅满足 $a_\text{m}/h_1 = 1.5504$。下面记内孤立波振幅的无量纲数为 $\bar{a}$，因此 $\bar{a}$ 不会超过 1.5504，而相应的实际振幅不会超过最大振幅 a_m。首先我们给出在几种典型内孤立波振幅下的波形与瞬时速度的计算结果，并将其与实验数据进行比较；然后给出了不同内孤立波振幅下的最大加速度变化特点及几种典型内孤立波振幅下的加速度随深度变化的情况。

3.2.1　不同内孤立波振幅下的波形

图 3.2 是利用解表达式（3.18、3.22）得到的在不同内孤立波振幅下的波形，从中可以看出，当内孤立波振幅比较小时，全非线性的耦合 MCC 方程与弱非线性的 KdV 浅水理论方程都与实验数据比较吻合；但当内孤立波振幅继

续增大时，只有全非线性的耦合 MCC 方程与实验数据吻合得比较好。图 3.2c
和图 3.2d 表明，当内孤立波振幅很大时，MCC 理论的解表达式（3.18）的波
峰会表现出平坦的波面特点，这是弱非线性的 KdV 浅水理论所不能体现的，
因此，这也说明了 MCC 理论更适合于描述 Duda 等（2004）大振幅内孤立波
的平坦波峰特点。

　　通过进一步的研究分析可以发现，KdV 浅水理论只有在内孤立波振幅大致
满足 $\bar{a}$ <0.4 时才比较有效。

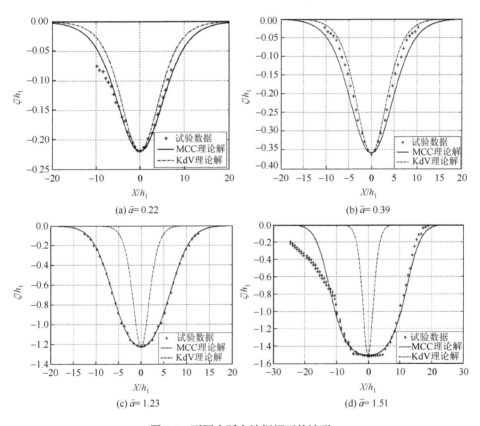

图 3.2　不同内孤立波振幅下的波形

3.2.2　不同内孤立波振幅下的瞬时速度

　　通过 PIV（Camassa et al.，2006；Liu & Grue，2004），可以获得长波条件

下两层流体内波的瞬时速度与层间平均速度的关系为

$$u_2(x,z,t) = \overline{u_2}(x,t) + \left(\frac{(\eta_2(x,t))^2}{6} - \frac{(z+h_2)^2}{2} \right) \partial_x^2 \overline{u_2}(x,t) \qquad (3.23)$$

把方程（3.17）引入到方程（3.8、3.9）中，并对 X 积分到无穷远，可得

$$\overline{u_2}(X) = c \left(1 - \frac{h_2}{\eta_2(X)} \right) \qquad (3.24)$$

将方程（3.24）代入到方程（3.23）中，可得到下层流体的瞬时速度为

$$u_2(X,z) = c \left[1 - \frac{h_2}{\eta_2} + \left(\frac{\eta_2^2}{6} - \frac{(z+h_2)^2}{2} \right) \left(\frac{h_2 \eta_2''}{\eta_2^2} - \frac{2h_2 (\eta_2')^2}{\eta_2^3} \right) \right] \qquad (3.25)$$

类似的，对于上层流体，其瞬时速度为

$$u_1(X,z) = c \left[1 - \frac{h_1}{\eta_1} + \left(\frac{\eta_1^2}{6} - \frac{(h_1-z)^2}{2} \right) \left(\frac{h_1 \eta_1''}{\eta_1^2} - \frac{2h_1 (\eta_1')^2}{\eta_1^3} \right) \right] \qquad (3.26)$$

　　现在分别将两种理论的解表达式（3.18、3.22）分别引入到方程（3.25、3.26），便可以得到两种理论下的内波瞬时速度（图 3.3），其中给出的是不同振幅下内波波峰位置的瞬时速度。与图 3.2 中对波形的分析类似，可以发现，当内孤立波振幅比较小时，全非线性的耦合 MCC 方程与弱非线性的 KdV 浅水

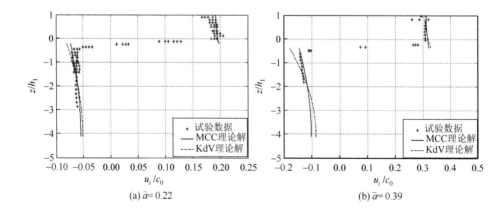

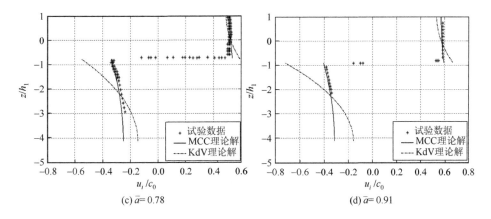

图 3.3　不同内孤立波振幅下的瞬时速度

理论方程都与实验数据比较吻合，但当内孤立波振幅继续增大时，只有全非线性的耦合 MCC 方程与实验数据吻合得比较好。这说明 MCC 理论能够更加准确地描述大振幅内孤立波的速度场结构。

3.2.3　不同内孤立波振幅下的加速度

由方程（3.25、3.26）可以计算得到上下两层流体的加速度为

$$\frac{\partial u_1}{\partial t} = -c\frac{\partial u_1}{\partial X}$$

$$= c\left[-\frac{h_1\zeta_X}{\eta_1^{\,2}} - \frac{\eta_1\zeta_X}{3}\left(\frac{h_1\eta_1''}{\eta_1^{\,2}} - \frac{2h_1(\eta_1')^2}{\eta_1^{\,3}} \right) \right.$$

$$\left. + h_1\left(\frac{\eta_1^{\,2}}{6} - \frac{(h_1 - z)^2}{2} \right)\left(\frac{\eta_1'''\eta_1 + 2\eta_1''\zeta_X}{\eta_1^{\,3}} - \frac{4\eta_1\eta_1'\eta_1'' + 6(\eta_1')^2\zeta_X}{\eta_1^{\,4}} \right) \right] \quad (3.27)$$

$$\frac{\partial u_2}{\partial t} = -c\frac{\partial u_2}{\partial X}$$

$$= c\left[\frac{h_2\zeta_X}{\eta_2^{\,2}} + \frac{\eta_2\zeta_X}{3}\left(\frac{h_2\eta_2''}{\eta_2^{\,2}} - \frac{2h_2(\eta_2')^2}{\eta_2^{\,3}} \right) \right.$$

$$\left. + h_2\left(\frac{\eta_2^{\,2}}{6} - \frac{(z + h_2)^2}{2} \right)\left(\frac{\eta_2'''\eta_2 - 2\eta_2''\zeta_X}{\eta_2^{\,3}} - \frac{4\eta_2\eta_2'\eta_2'' - 6(\eta_2')^2\zeta_X}{\eta_2^{\,4}} \right) \right] \quad (3.28)$$

再将两种理论的解表达式（3.18、3.22）分别引入方程（3.27、3.28）中，可以得到两种理论下的内孤立波加速度，如图 3.4 给出了上下两层流体在不同内孤立波振幅下波峰位置的最大加速度分布。从图中可以看出 MCC 理论和 KdV 浅水理论分别得到的加速度存在一个明显的差异：用 KdV 浅水理论求得的最大加速度始终是零，而用 MCC 理论求得的最大加速度并非零值，它随着振幅的改变而连续变化。

两种理论结果的差异与两种理论的前提假设条件是相符的：在 KdV 浅水理论中，假设条件方程（3.12）使得局地加速度的尺度为 $O（\varepsilon^2）$ 量阶，是可以忽略掉的；而 MCC 理论的假设条件方程（3.7）使得局地加速度的尺度为 $O（1）$ 量阶，是不可忽略的。

图 3.5 给出了几种典型内孤立波振幅下加速度的分布情况，从中我们可以看到，上下两层流体的加速度都存在关于"中心点"（即加速度为 0 的点）近似对称的特点，即中心点两侧的加速度呈近似的负对称。

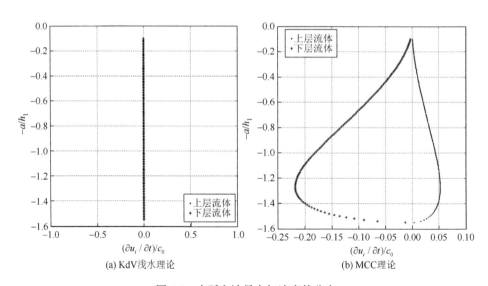

(a) KdV浅水理论　　　　　　　(b) MCC理论

图 3.4　内孤立波最大加速度的分布

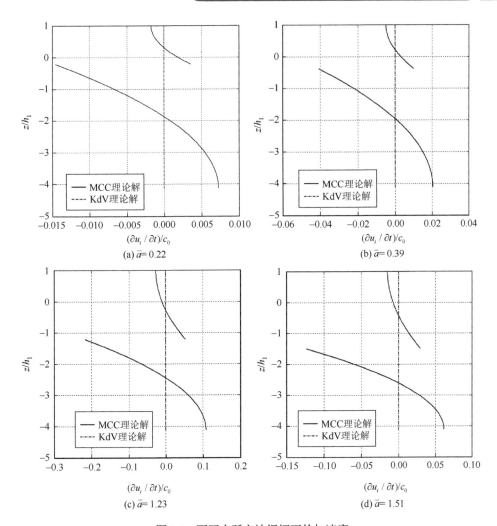

图 3.5　不同内孤立波振幅下的加速度

3.3　内孤立波作用力与力矩

由于在实际非线性内波载荷的计算中多采用 KdV 浅水理论作为计算的基础，且认为惯性力的作用很小，因此大多会忽略惯性力的作用（见第 2 章），而只考虑拖曳力。但从 3.2.3 节中可以看到，用 MCC 理论计算的局地加速度的尺度为 $O(1)$ 量阶，是不可以忽略掉惯性力的。本节利用两种理论分别计算大振幅内孤立波的载荷，并探讨惯性力项的影响作用。

3.3.1　作用力

如同第 2 章所介绍的那样,在计算内孤立波作用下小直径圆形桩柱上的波浪力时,通常采用 Morison 公式。Morison 公式假定作用在圆形桩柱上的总波浪力 F 包括两部分,一部分是与速度平方成正比的拖曳力,记作 F_D;另一部分是与加速度成正比的惯性力,记作 F_I。

对于界面上层流体,内波引起的惯性力和拖曳力分别为

$$F_{I1} = \frac{1}{4}\int_{\zeta}^{h_1} C_M \rho_1 \pi D^2 \frac{\partial u_1(X,z)}{\partial t} \mathrm{d}z \tag{3.29}$$

$$F_{D1} = \frac{1}{2}\int_{\zeta}^{h_1} C_D \rho_1 D u_1(X,z) |u_1(X,z)| \mathrm{d}z \tag{3.30}$$

类似地,对于界面下层流体,内波引起的惯性力和拖曳力分别为

$$F_{I2} = \frac{1}{4}\int_{-h_2}^{\zeta} C_M \rho_2 \pi D^2 \frac{\partial u_2(X,z)}{\partial t} \mathrm{d}z \tag{3.31}$$

$$F_{D2} = \frac{1}{2}\int_{-h_2}^{\zeta} C_D \rho_2 D u_2(X,z) |u_2(X,z)| \mathrm{d}z \tag{3.32}$$

现在仍然采用 3.2 节中的相关物理量,此外,与 2.2 节类似,这里也取 $C_M = 2.0$,$C_D = 1.2$,$D = 5\mathrm{m}$,$h_1 = 50\mathrm{m}$。

当只考虑拖曳力时,上下两层流体的内波作用力为

$$F_1 = \frac{1}{2}\int_{\zeta}^{h_1} C_D \rho_1 D u_1(X,z) |u_1(X,z)| \mathrm{d}z \tag{3.33}$$

$$F_2 = \frac{1}{2}\int_{-h_2}^{\zeta} C_D \rho_2 D u_2(X,z) |u_2(X,z)| \mathrm{d}z \tag{3.34}$$

而当惯性和拖曳力一起考虑的时候,上下两层流体的内波作用力为

$$F_1 = \rho_1 \int_{\zeta}^{h_1} \frac{1}{2} C_D D u_1(X,z) |u_1(X,z)| + \frac{1}{4}\pi D^2 \frac{\partial u_1(X,z)}{\partial t} \mathrm{d}z \tag{3.35}$$

$$F_2 = \rho_2 \int_{-h_2}^{\zeta} \frac{1}{2} C_D D u_2(X,z) |u_2(X,z)| + \frac{1}{4}\pi D^2 \frac{\partial u_2(X,z)}{\partial t} \mathrm{d}z \tag{3.36}$$

图 3.6 为利用方程（3.33～3.36），在不同振幅条件下分别用两种理论计算得到的内波对小直径圆形桩柱的作用力。通过结果的比较可以得到如下两点结论：

（1）用 MCC 理论计算得到的作用力会保持更长的一段距离。这是因为，当振幅比较大时，用 MCC 理论得到的内波具有波形比较宽的特点，所以图 3.6 中用 MCC 理论计算得到的作用力会保持更长的一段距离。

（2）在相同的内孤立波振幅条件下，考虑惯性力和不考虑惯性力时的作用力是相当的。由于加速度在中心两侧呈近似的负对称，因此在计算惯性力的时候，惯性力项会有正负抵消的趋势。

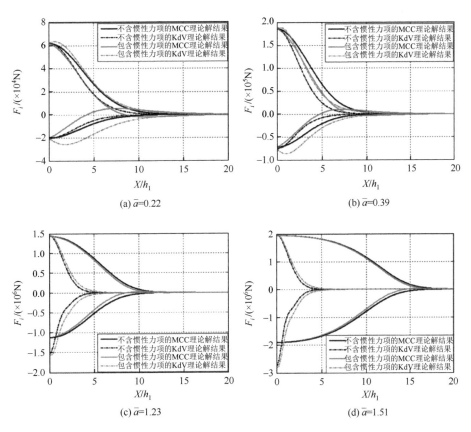

图 3.6　不同内孤立波振幅下的作用力

3.3.2　力矩

由上面内波作用力的计算结果可以看出，惯性力项的作用很小。因此，若在力矩的计算中也不考虑惯性力且取柱与界面相交处为支点，则可得拖曳力矩为

$$M_D = \int_{\zeta}^{h_1} (z-\zeta)C_D\rho_1 D / 2u_1(X,z)\left|u_1(X,z)\right|\mathrm{d}z$$

$$+ \int_{-h_2}^{\zeta} (z-\zeta)C_D\rho_2 D / 2u_2(X,z)\left|u_2(X,z)\right|\mathrm{d}z \qquad (3.37)$$

图 3.7 为利用式（3.37）在不同内孤立波振幅下分别用 MCC 理论和 KdV 浅水理论计算得到的内波对小直径圆形桩柱的力矩。从图中可以看到，用 MCC 理论计算得到的最大拖曳力矩要比 KdV 理论的大一些。同样，随着内孤立波振幅的增大，用 MCC 理论计算得到的拖曳力矩也会保持更长的一段距离才趋于消失。

分析用MCC理论获得的力矩与用KdV理论所获得的最大力矩的关系可以得到下面的结果。

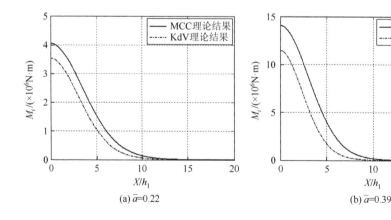

(a) $\bar{a}$=0.22　　　　　　(b) $\bar{a}$=0.39

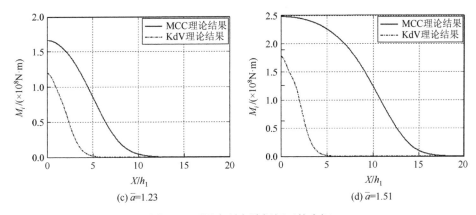

图 3.7　不同内孤立波振幅下的力矩

设内孤立波波峰的位置在 O 处，从图 3.7 及方程（3.37）可以知道，用 MCC 理论和 KdV 浅水理论求得的最大力矩都在 O 处，即

$$\max M_{DKdV}(X) = M_{DKdV}(O) \qquad (3.38)$$

$$\max M_{DMCC}(X) = M_{DMCC}(O) \qquad (3.39)$$

定义如下式子：

$$\frac{M_{DMCC}(X) - \max M_{DKdV}(X)}{\max M_{DKdV}(X)} = R(X, a) \qquad (3.40)$$

对于不同的内孤立波振幅，存在一个以 X 为自变量的函数 R，因此 R 也可以看作是振幅 a 与 X 的函数。

图 3.8 中给出了几个不同振幅下函数 R 的图像。从图 3.8 中也可以看到：

$$R(X, a) < R(X, a_m) \qquad (3.41)$$

由式（3.40、3.41）可以得到，在 MCC 理论下计算的力矩 $M(X)$ 与 $\max M_{DKdV}$ 的关系：

$$M(X) < \max M_{KdV}(1 + R(X, a_m)) \qquad (3.42)$$

从式（3.42）可以知道，对于用 KdV 浅水理论求得的力矩，$\max M_{DKdV}(1 + R(X, a_m))$ 可以作为实际力矩的一个上限。这个上限可以用式（3.40）近似求得。

对于本节中的算例，依照图 3.8，可近似求得 $R(X, a_m) = 0.402$。

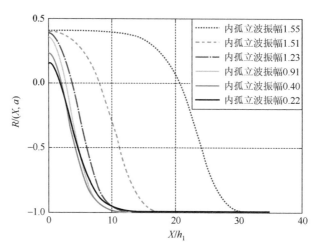

图 3.8　几个不同振幅下函数 R 的图像

3.4　本 章 小 结

本章首先通过理论解与实验数据的比较，在得出 MCC 理论描述内波（特别是大振幅内孤立波的波面以及速度场结构）方面确实是优于 KdV 浅水理论后，分别利用两种理论计算了不同振幅下内孤立波对小直径圆形桩柱的作用力和力矩。通过比较结果发现，大振幅内孤立波对圆形桩柱的作用力在波峰附近相当长的一段距离内都存在，即表明，大振幅内孤立波对小直径圆形桩柱载荷的分布特征具有与大振幅内波的波峰形状分布相似的特点，这与大振幅内波波形很宽的特点是相符合的。

此外，可以看到，由于在两种理论下获得的速度场结构不同，利用全非线性理论计算的内波载荷会大于用弱非线性理论计算的内波载荷。上述的算例表明，用 MCC 理论计算的力矩大约是用 KdV 浅水理论计算所得的 1.402 倍。诚然，这个结果只是对上述特殊算例而言，现实海洋中各种不同的跃层情况及分层的连续性都会对内孤立波的结构产生不同程度的影响，从而不同程度地改变内波速度场的结构及相应的载荷。

第4章 基于数值模拟的内孤立波载荷的计算

为了评估内孤立波对海洋工程造成的危害,在前面的章节中以海上石油平台的小直径圆形桩柱为研究对象,利用基于 Morison 公式等的若干估算方法,估算了内孤立波对圆形桩柱的载荷。例如,在弱非线性 KdV 浅水理论的框架下,我们在第 2 章中结合南海北部东沙群岛附近的海洋实测流场及背景水体层结资料,分别对有无背景流情形下小直径圆形桩柱所受到的作用力和力矩进行了估算;又如,在两层流体线性势流理论框架下,程友良和李家春(2003)研究了上下层流体之间的相对密度比、深度比、波幅和波长等因素对小直径圆形桩柱的作用力和力矩垂向分布的影响;第 3 章中,在完全非线性的 MCC 理论下,我们计算了不同内孤立波振幅下小直径圆形桩柱载荷的变化趋势,并与弱非线性理论下的计算结果做了比较;此外,Zha 等(2012)基于现场 X 波段雷达和 CTD 获取的浮力频率,提出了计算内孤立波施加于圆形桩柱作用力的方法;Guo 等(2013)研究了内孤立波、海表波浪和船体运动状况下,上部张力立管的响应;等等。由于前述的研究在理论框架或者在背景层化上采取了某种近似假设,其得到的结果对强非线性大振幅内孤立波载荷的估算可能会存在着相应的不足。因而,若利用内孤立波数值模式,通过数值模拟试验来模拟内孤立波,进而利用数值模拟得到的内孤立波波致流来估算其对小直径圆形桩柱的作用力和力矩,可以弥补上述线性化理论估算的不足之处。例如,Xie 等(2011)建立了一个基于涡量-流函数形式的内孤立波数值模式来估算内孤立波对小直径圆形桩柱的作用力和力矩;Song 等(2011)建立了时间域数值模式来计算内孤立波活动对水下结构和结构运动的响应;王旭等(2015)依据三类内孤立波理论 KdV、eKdV 和 MCC 的适用性条件,采用 Navier-Stokes 方程为流场控制方程,以内孤立波诱导上下层深度平均水平速度作为入口边界条件,建立了两层流体中内孤立波对张力腿平台强非线性作用的数值模拟方法；等等。更进一步地，如果海洋中存在复杂的背景流时，内孤立波对圆形桩柱的载荷会发生什么变化？本章将针对上述问题，利用数值模式来对上述问题进行比较系统的研究。

下面我们给出了在考虑和不考虑背景流两种情形下基于数值模拟的内孤立波对圆形桩柱的载荷的计算实例。本章的安排如下：在 4.1 节简要地介绍我们自主建立的一个基于涡量-流函数形式的内孤立波数值模式，将该模式应用于模拟潮-地相互作用框架下的内孤立波的生成，并通过一个内孤立波的实测结果来说明该模式的可行性，最终将数值模拟得到的内孤立波波致流来估算其对小直径圆形桩柱的作用力和力矩；在 4.2 节中，利用一个内重力波（internal gravity wave，IGW）模式（Lamb，2010）来模拟内孤立波，并主要研究在不同抛物线形背景流中内孤立波施加到圆柱形张力腿（tension leg platform，TLP）的载荷（作用力和力矩）影响；最后在 4.3 节进行小结。

4.1　不考虑背景流的内孤立波对圆形桩柱载荷的研究

4.1.1　基于涡量-流函数形式的内孤立波数值模式的建立

这里所介绍的连续分层内孤立波数值模式是基于涡量-流函数形式方程的内孤立波数值模式（Vlasenko & Alpers，2005）。在 f 平面近似下，描述海洋内孤立波的运动可采用如下 Boussinesq 近似下的雷诺方程：

$$\begin{cases} u_t + uu_x + vu_y + wu_z - fv = -\tilde{P}_x/\rho_0 + A^H(u_{xx} + u_{yy}) + (A^V u_z)_z \\ v_t + uv_x + vv_y + wv_z + fu = -\tilde{P}_y/\rho_0 + A^H(v_{xx} + v_{yy}) + (A^V v_z)_z \\ w_t + uw_x + vw_y + ww_z = -\tilde{P}_z/\rho_0 - g\tilde{\rho}/\rho_0 + A^H(w_{xx} + w_{yy}) + (A^V w_z)_z \\ u_x + v_y + w_z = 0 \\ \tilde{\rho}_t + u\tilde{\rho}_x + v\tilde{\rho}_y + w\tilde{\rho}_z + w\rho_{0z} = K^H(\tilde{\rho}_{xx} + \tilde{\rho}_{yy}) + (K^V \tilde{\rho}_z)_z + (K^V \tilde{\rho}_{0z})_z \end{cases} \quad (4.1)$$

式中，t 为时间量；x,y,z 为空间量；u,v,w 分别为水平 x 方向、y 方向及垂直 z 方向的流体运动速度；海水的密度可以表达为密度场扰动量 $\tilde{\rho}(x,y,z,t)$ 和初始时刻静止密度 $\rho_0(x,y,z)$ 之和；$\tilde{P}(x,y,z,t)$ 为压力场的扰动量；f 是科氏力参数；g 为重力加速度；A^H，A^V 分别为水平及垂向湍流耗散系数；而 K^H，K^V 则为水平及垂向扩散系数。

对上述方程 x 与 z 方向的动量方程采用交叉微分，同时假设 $\partial/\partial y = 0$，从而规避了对压力场扰动量 $\tilde{P}(x,y,z,t)$ 的求解。经过这样处理后的动量方程组为

$$\begin{cases} u_{zt} - w_{xt} + (uu_x)_z - (uw_x)_x + (wu_z)_z - (ww_z)_x - fv_z \\ = g\tilde{\rho}_x/\rho_0 + (A^H u_{xx})_z - (A^H w_{xx})_x + (A^V u_z)_{zz} - (A^V w_z)_{xz} \\ v_t + uv_x + wv_z + fu = A^H v_{xx} + (A^V v_z)_z \end{cases} \tag{4.2}$$

进一步地，对处理后的方程组引入流函数 $\psi(x,z,t)$ 及涡量 $\omega(x,z,t)$，使得 $u = \psi_z$，$w = -\psi_x$ 及 $\omega = u_z - w_x$；同时考虑连续分层水体的浮力频率，表达式如下：

$$N^2(z) = -\frac{g}{\rho_0}\frac{\mathrm{d}\rho_0}{\mathrm{d}z} \tag{4.3}$$

则可以获得基于涡量-流函数形式的内孤立波数值模式的控制方程组为

$$\begin{cases} \omega_t + J(\omega,\psi) - fv_z = g\dfrac{\tilde{\rho}_x}{\rho_0} + A^H \omega_{xx} + (A_z^V \psi_{zz})_z + (A^V \omega_z)_z \\ v_t + J(v,\psi) + f\psi_z = A^H v_{xx} + (A^V v_z)_z \\ \omega = \psi_{xx} + \psi_{zz} \\ \tilde{\rho}_t + J(\tilde{\rho},\psi) + \dfrac{\rho_0}{g} N^2(z)\psi_x = K^H \tilde{\rho}_{xx} + (K^V \tilde{\rho}_z)_z + (K^V \rho_{0z})_z \end{cases} \tag{4.4}$$

式中，J 为雅克比算子，即 $J(a,b) = a_x b_z - a_z b_x$。虽然该方程组（4.4）是在 $\partial/\partial y = 0$ 这一假设条件下得到的二维方程组，但由于它们是在 f 平面近似下计入了科氏力贡献并耦合了 y 方向动量方程意义下的二维方程组，因此，该模式控制方程组（4.4）属于 2.5 维。

如前所述，由于海洋内孤立波是发生于密度跃层附近的高频扰动，其相关

参数在密度跃层附近的变化更为显著，有必要在密度跃层附近进行更为精细的网格划分以求更好地刻画内孤立波的相关特征。为此，对模式控制方程组（4.4）进一步采用如下变换：

$$\begin{cases} x_2 = x \\ z_2 = \int_z^0 N(s)\mathrm{d}s \Big/ \int_{-H(x)}^0 N(s)\mathrm{d}s \end{cases} \tag{4.5}$$

通过上述变换，内孤立波数值模式所采用的基于涡量-流函数形式的控制方程组（4.4）进一步可转换为如下方程组：

$$\begin{cases} \omega_t + C(x_2,z_2)\Big[J(\omega,\psi) - fv_{z_2}\Big] = g\,\Re_1(\tilde{\rho})/\rho_0 + A^H\Re_2(\omega) + A^V\Re_3(\omega) \\ v_t + C(x_2,z_2)\Big[J(v,\psi) + f\psi_{z_2}\Big] = A^H\Re_2(v) + A^V\Re_3(v) \\ \omega = \Re_2(\psi) + \Re_3(\psi) \\ \tilde{\rho}_t + C(x_2,z_2)J(\tilde{\rho},\psi) + \rho_0/g\,N^2(x_2,z_2)\Re_1(\psi) = K^H\Re_2(\tilde{\rho}) + K^V\Re_3(\tilde{\rho}+\rho_0) \end{cases} \tag{4.6}$$

其中，$C(x_2,z_2) = N(x_2,z_2)r(x_2)$，$r(x_2) = 1/\bar{h}(x_2)$，$\bar{h}(x_2) = \int_0^{-H(x)} N(s)\mathrm{d}s$，$p(x_2) = r(x_2)\mathrm{d}\bar{h}(x_2)/\mathrm{d}x_2$，$q(x_2) = r(x_2)\mathrm{d}^2\bar{h}(x_2)/\mathrm{d}x_2^2$。而 $\Re_1$，$\Re_2$ 及 $\Re_3$ 为三个微分算子，其具体形式如下：

$$\Re_1 = \frac{\partial}{\partial x_2} - z_2 p(x_2)\frac{\partial}{\partial z_2}$$

$$\Re_2 = \frac{\partial^2}{\partial x_2^2} - 2z_2 p(x_2)\frac{\partial^2}{\partial x_2 \partial z_2} + z_2 p^2(x_2)\frac{\partial^2}{\partial z_2^2} + z_2(2p^2(x_2) - q(x_2))\frac{\partial}{\partial z_2}$$

$$\Re_3 = r^2(x_2)N^2(x_2,z_2)\frac{\partial^2}{\partial z_2^2} + r(x_2)\frac{\mathrm{d}N}{\mathrm{d}z}\frac{\partial}{\partial z_2}$$

式中，$\Re_1$ 为一阶线性算子；$\Re_2$ 和 $\Re_3$ 则为二阶线性算子。

以上方程组（4.6）即为本章基于涡量-流函数形式的内孤立波数值模式的控制方程的最终形式。关于模式详细的差分格式可见相关文献（蔡树群等，2015）。

4.1.2　不考虑背景流情形下基于数值模拟的内孤立波对圆形桩柱的载荷的计算实例

本节将上述建立的数值模式应用于模拟潮-地相互作用框架下的内孤立波的生成及其对圆形桩柱的载荷计算。图 4.1 给出了往复式潮流经过海山地形后激发内孤立波，而内孤立波波包向东传播对远处直径为 D 的圆形桩柱施加载荷的示意图。

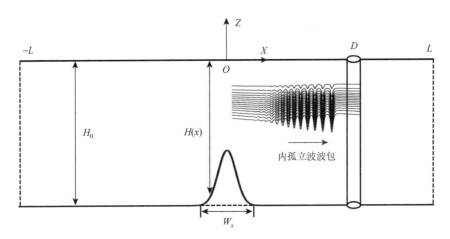

图 4.1　往复式潮流经过海山地形后激发内孤立波，内孤立波波包向东传播对远处直径为 D 的圆形桩柱施加载荷的示意图

假设地形高度变化为 $h(x)$，在远离地形处的水深为 H_0，模式由一频率为 σ、强度为 ψ_0 的正压潮流通量所驱动。假设初始时刻整个物理场内无任何斜压运动，则初始条件可写为

$$\psi = 0,\ \omega = 0,\ \rho = 0,\ v = -(f/\sigma)\psi_0/H(x),\ 在\ t = 0\ 时 \qquad (4.7)$$

上式表明初始时刻由于地转效应可能存在着一个 y 方向的流速 v。若忽略内孤立波与海表面反馈的相互作用，则在表面边界处可采用刚盖近似及自由滑移边界条件：

$$\psi = \psi_0 \sin \sigma t,\ \omega = 0,\ \partial \rho / \partial z = 0,\ \partial v / \partial z = 0,\ 在\ z = 0\ 处 \qquad (4.8)$$

在底边界上假设无边界黏性及自由滑移边界条件，则：

$$\psi = 0,\ \omega = 0,\ \partial v / \partial z = 0,\ \rho_n = 0,\ \text{在 } z = -h(x) \text{处} \qquad (4.9)$$

假设侧边界为开边界，同时设置计算区域足够大，使得在计算的时间范围内所生成的内孤立波不会传播到侧边界，从而可以设定如下的侧边界条件：

$$\psi = -z\psi_0 \sin(\sigma t) / H_0,\ \xi = 0,\ v = -f / \sigma \psi_0 \cos(\sigma t) / H_0,\ \tilde{\rho} = 0,\ \text{在 } z = -L \text{处}$$
$$(4.10)$$

$$\psi = -z\psi_0 \sin(\sigma t) / H_0,\ \xi = 0,\ v = -f / \sigma \psi_0 \cos(\sigma t) / H_0,\ \tilde{\rho} = 0,\ \text{在 } z = L \text{处}$$
$$(4.11)$$

这里，我们采用具有如下形式的高斯型海山地形：

$$z = \begin{cases} -(H_0 - h_0 e^{-\frac{x^2}{2L_{\text{left}}^2}}), & (x < 0) \\ -(H_0 - h_0 e^{-\frac{x^2}{2L_{\text{right}}^2}}), & (x > 0) \end{cases} \qquad (4.12)$$

其中 h_0 为山高，L_{left} 和 L_{right} 分别为高斯型海山地形左右两侧的特征长度，利用这两个参数可以用来调节地形两侧的相对坡度，而山脊宽度 $W_s = L_{\text{left}} + L_{\text{right}}$。

为了方便计算，模式中的潮流选用 M_2 潮频，驱动的潮流仍然为 M_2 潮频，其潮流通量强度 $\psi_0 = 307 \text{m}^2/\text{s}$，相当于其潮流振幅为 0.65m/s。这与 Ramp 等（2010）指出的南海吕宋海峡附近的潮流强度范围 0.5～2m/s 相一致。$A^H = K^H = 1 \times 10^{-4} \text{m}^2/\text{s}$，$A^V = K^V = 0 \text{m/s}$，科氏力参数 f 为 $5.06 \times 10^{-5} \text{s}^{-1}$。计算中，水平网格步长 Δx 取为 125m，而垂向网格则随水体层结强度调整为 30 个不均匀分层，时间步长 Δt 取为 10s。设水深 $H_0 = 472$m，高斯型海山地形的海山高度 $h_0 = 220$m，山脊宽度 W_s 为 15km。这里设整个计算区域（2L）为 500km，$A^H = K^H = 1 \times 10^{-4} \text{m}^2/\text{s}$，$A^V = K^V = 0 \text{m}^2/\text{s}$，科氏力参数 f 为 $5.06 \times 10^{-5} \text{s}^{-1}$。

这里所采用的背景流的水体浮力频率仍然采用第 2 章的图 2.4 中根据1998 年 6 月 15 日至 22 日南海季风试验期间在南海北部东沙群岛锚定点（20°21.311′N；116°50.633′E）的实测温度、盐度资料计算得到水体浮力频率，而用于验证的内孤立波流速数据则为 1998 年 6 月 14 日观测得到的内孤立波事件中的流速数据。假设经潮-地相互作用所激发产生的内孤立波在远离地形传播的过程中，会与小直径圆形桩柱相遇。这里设小直径圆形桩柱的直径为

$D = 5\text{m}$。下面首先给出潮-地相互作用激发出的内孤立波，并将模拟得到的内孤立波波致水平流速与现场观测得到的流速进行对比，最后，计算内孤立波波致水平流速对上述小直径圆形桩柱的载荷。

图 4.2 中给出模式运行至 $t = 2.5T$、$t = 3.0T$ 及 $t = 3.5T$ 时刻的等密度线随纵轴水深和横轴距离的变化结果，可见，几个已经发展或者正在发展成熟的内孤

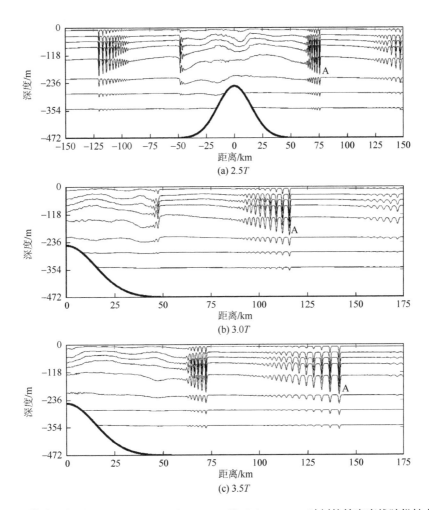

(a) 2.5*T*

(b) 3.0*T*

(c) 3.5*T*

图 4.2　模式运行至（a）$t = 2.5T$、（b）$t = 3.0T$ 及（c）$t = 3.5T$ 时刻的等密度线随纵轴水深和横轴距离的变化

立波波包已被激发并远离海山地形向两侧传播出去。假设向右为正方向，现在重点关注所激发的内孤立波波包 A 对小直径圆形桩柱的载荷。在 $t = 2.5T$ 时，内孤立波波包 A 传播至 75.6km 处（图 4.2a）。在模式运行到 t 为 2.5T 至 3.0T 这半个潮周期阶段内，潮流方向为右，即与内孤立波波包 A 的传播方向相同；在 $t = 3.0T$ 时，内孤立波波包 A 已传播至 119.7km 处（图 4.2b）。在模式运行到 t 为 3.0T 至 3.5T 这半个潮周期阶段内，潮流方向转变为向左，即与内孤立波波包 A 的传播方向相反；在 $t = 3.5T$ 时，内孤立波波包 A 已传播至 145.5km 处（图 4.2c）。可以知道，在 2.5T 至 3.0T 半个潮周期内，内孤立波波包 A 传播了 44.1km，而在 3.0T 至 3.5T 半个潮周期内，内孤立波波包 A 传播了 25.8km，因此，内孤立波波包 A 的相速度在前半个周期可以达到 2.04m/s，而在后半个潮周期内则只有 1.19m/s。另外，可以看到，模拟得到的等密度面在密度跃层附近变化振幅最大，而在该位置往上及往下变化振幅均逐渐减小。模式运行到 t 为 2.5T 至 3.5T 这整个潮周期阶段内，内孤立波波包 A 的头波最大振幅达到 95.6m。

图 4.3 给出了 6 月 14 日内孤立波波致水平流速的观测结果和模式运行至 t 为 2.75T、3.00T 及 3.25T 时模拟得到的内孤立波波致水平流速随水深的变化结果的比较。其中，在模式运行至 $t = 2.75T$ 时刻，正压潮流方向与内孤立波的波致水平流速方向相同，此时合成的正压流速最大；在模式运行至 $t = 3.00T$ 时刻，正压潮流流速恰好减弱为 0，此时合成的正压流速仅为内孤立波的波致水平流速；在模式运行至 $t = 3.25T$ 时刻，正压潮流方向与内孤立波的波致水平流速方向相反，此时合成的正压流速最小。图 4.4 给出了在水深 14m、34m、58m、78m、94m 和 122m 6 个不同水深处内孤立波波致水平流速的模拟结果与观测结果的比较，可见，模式的数值模拟结果与观测得到的内孤立波流场结果吻合得很好。因此，接下来将采用该数值模拟得到的内孤立波波包 A 的波致水平流速来计算其对小直径圆形桩柱的载荷。

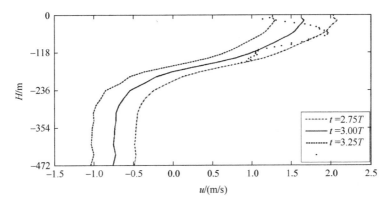

图 4.3　实测（由点线标示，仅上层 122m 以浅的实测数据有效）和模式运行至 t 为 2.75T、3.00T 及 3.25T 时（分别由长折线、实线和短折线标示）模拟得到的内孤立波波致水平流速随水深的变化结果的比较

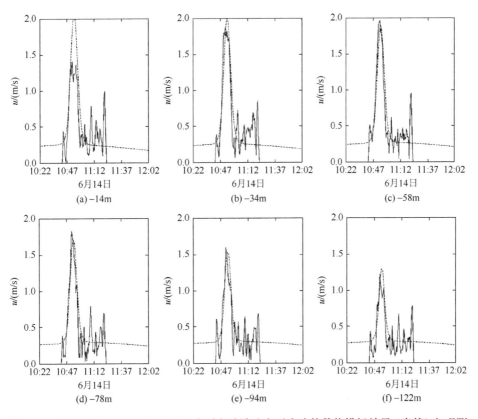

图 4.4　6 月 14 日的 6 个不同水深处内孤立波波致水平流速的数值模拟结果（虚线）与观测结果（实线）的比较

类似于第 2 章的计算，内孤立波对小直径圆形桩柱的载荷（包括作用力 F 及力矩 M）可依据 Morison 公式表述为

$$F = \int_{-H_0}^{0} \rho(z)\left(\frac{D}{2}C_D u|u| + \frac{\pi D^2}{4}C_M \frac{\partial u}{\partial t}\right)\mathrm{d}z \tag{4.13}$$

$$M = \int_{-H_0}^{0} \rho(z)\left(\frac{D}{2}C_D u|u| + \frac{\pi D^2}{4}C_M \frac{\partial u}{\partial t}\right)(z+H_0)\mathrm{d}z \tag{4.14}$$

其中，参数 C_D 和 C_M 分别表征拖曳系数和惯性系数，u 为模式模拟得到的正压潮流流速与内孤立波的波致水平流速的合成流速。

为了模式计算方便，用变换式（4.5）对以上计算公式作进一步变换，从而可得到对应于本模式坐标的载荷计算公式为

$$F = \int_{0}^{1} \rho(z_2)\left(\frac{D}{2}C_D u|u| + \frac{\pi D^2}{4}C_M \frac{\partial u}{\partial t}\right)\frac{\overline{h}}{N(z_2)}\mathrm{d}z_2 \tag{4.15}$$

$$M = \int_{0}^{1} \rho(z_2)\left(\frac{D}{2}C_D u|u| + \frac{\pi D^2}{4}C_M \frac{\partial u}{\partial t}\right)\frac{\overline{h}}{N(z_2)}(z(z_2)+H_0)\mathrm{d}z_2 \tag{4.16}$$

其中 $\overline{h} = \int_{-H_0}^{0} N(s)\mathrm{d}s$。

在载荷计算中，上述公式中的拖曳系数 C_D 和惯性系数 C_M 依赖于实际流体的雷诺数 Re、圆柱体的粗糙度及 KC 数。这里，计算可得 $Re = U_{\max}D/\nu = 9.8 \times 10^6$（$\nu$ 为海水的涡动黏性系数），而 $\mathrm{KC} = 2\pi\eta_0 / D = 120.12$（$\eta_0 = 95.6\mathrm{m}$ 为内孤立波的最大振幅）。因此，与第 2 章 2.3 节所取的参数相同，即将拖曳系数取为 $C_D = 0.6$、惯性系数取为 $C_M = 1.8$。利用以上参数，用式（4.15、4.16）来计算内孤立波对小直径圆形桩柱的载荷并探究载荷随时间的变化情况。

如果圆形桩柱离海山所处位置的距离不同，则小直径圆形桩柱所受的载荷会由于其所经受的潮流强弱及相位的变化而不同。这里列举两种情形。首先，假设小直径圆形桩柱的位置为 $d = 90\mathrm{km}$。此时，当小直径圆形桩柱遭遇内孤立波时，它恰好落在模式运行到 t 为 2.500T 至 3.000T 这半个潮周期阶段内，潮流方向为右，即与内孤立波波包 A 的传播方向相同。图 4.5 给出此段时间内圆形桩柱所受的载荷的变化情况。可以看到，此时圆形桩柱所受的最大作用力

为 5.89×10^2kN、最大力矩为 2.46×10^5kN·m，且该最大值恰好近似地出现在潮流方向向右的潮流振幅最大的位置。可以看到，内孤立波波包 A 与潮流共同施加的作用力超过仅有潮流所致的载荷力约 2 倍，而内孤立波波包 A 与潮流共同施加的力矩则超过仅有潮流时的力矩约 5 倍；并且在内孤立波波包 A 经过小直径圆形桩柱时，会依次出现脉冲式的载荷突增的特征，即当波包中某个孤立子波经过时，内孤立波载荷迅速增加，之后迅速恢复为潮流载荷，而且这种脉冲式的载荷突增的幅度取决于孤立子波振幅的大小，并随时间减小。

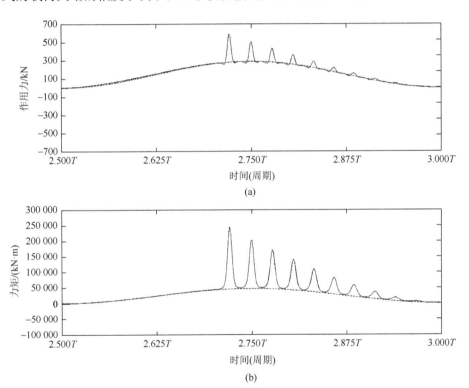

图 4.5　小直径圆形桩柱位置为 $d=90$km（此时小直径圆形桩柱遭遇内孤立波恰好落在模式运行到 t 为 2.500T 至 3.000T 这半个潮周期阶段内）时桩柱所受到的作用力（a）和力矩（b）随时间的变化（实线表示由内孤立波波包 A 与潮流共同施加的载荷，虚线表示仅由潮流施加的载荷）

　　以上计算结果为正压潮流方向与内孤立波的波致水平流速方向相同，此时合成的同向正压流速最大。可以想象，如果圆形桩柱所处的位置不同，则会因潮流相位的偏移而使得桩柱所受的载荷产生相应的变化。又如，假设小直径圆

形桩柱的位置为 d = 124km，则当小直径圆形桩柱遭遇内孤立波时，它恰好落在模式运行到 t 为 3.000T 至 3.500T 这半个潮周期阶段内，此时内孤立波波包 A 传播方向与正压潮流的方向正好相反。图 4.6 给出此段时间内圆形桩柱所受到的载荷的变化情况。可以看到，此时圆形桩柱所受的最大作用力为 -6.58×10^2kN、最大力矩为 -6.26×10^4kN·m（负号表示与图 4.5 中的方向相反），也就是说，当内孤立波传播方向与潮流方向相反时，内孤立波波包 A 与潮流共同施加的作用力仍然要远大于仅由潮流施加的载荷力，但此时作用力的方向与仅由潮流施加的作用力方向相同（图 4.6a），而内孤立波波包 A 与潮流共同施加的力矩与仅由潮流施加的力矩的量级差别不大（图 4.6b）。

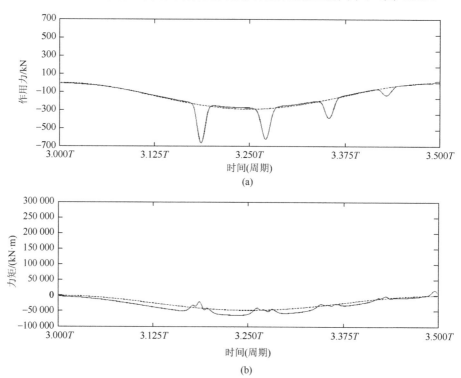

图 4.6　小直径圆形桩柱位置为 d = 124km（此时小直径圆形桩柱遭遇内孤立波恰好落在模式运行到 t 为 3.000T 至 3.500T 这半个潮周期阶段内）时桩柱所受到的作用力（a）和力矩（b）随时间的变化（实线表示由内孤立波波包 A 与潮流共同施加的载荷，虚线表示仅由潮流施加的载荷）

　　为何在上述两种情形中，内孤立波波包 A 与潮流共同施加的作用力变化不大，而当内孤立波传播方向与潮流方向相同时，内孤立波波包 A 与潮流共同施加的力矩比方向相反时的要大很多（约大 3 倍）呢？其原因可以通过结合图 4.3与载荷公式（4.15、4.16）来理解：在数值模拟结果中，由内孤立波引起的波致流速远比潮流流速要大很多，而波致流的流向在整个水深的垂向分布上并非单纯的向左或向右（图 4.3），即由这个属于斜压第一模态内孤立波所引起的波致流流向在上、下层是相反的，因此潮流方向的改变对由潮流与内孤立波的波致水平流两者合成的正压流速影响较小，因而也对合成的对圆形桩柱的作用力影响不大；但是，对圆形桩柱的力矩是作用力对整个水深的积分，因此，当内孤立波传播方向与潮流流向相反时，由内孤立波波致流施加于圆形桩柱的力矩则会由于上、下层的流速整体大幅减弱且流向相反而大幅度减小，导致此时合成的对圆形桩柱的力矩基本上等同于仅由潮流施加的力矩，也就是说，此时的合成的对圆形桩柱的力矩变得很小。

　　根据以上分析，通过模式的数值模拟计算得到的对圆形桩柱的最大作用力约为 6.58×10^2kN，大于 Cai 等（2008b）根据模态分离法的估算结果，而通过模式的数值模拟计算得到的对圆形桩柱的最大力矩为 2.46×10^5kN·m，小于 Cai等（2008b）的估算结果。由于 Cai 等（2008b）的结果还表明，内孤立波对圆形桩柱的作用力与内孤立波振幅的平方 η_0^2 成线性正比关系。因此，在图 4.7 中，我们给出了通过数值模拟估算的内孤立波对圆形桩柱的作用力与内孤立波振幅的平方之间的关系。图中的黑点为数值模拟结果、实线为根据数值模拟结果进行多项式拟合得到的曲线，即通过拟合得到的内孤立波对圆形桩柱的作用力与内孤立波振幅的平方 η_0^2 存在如下关系：

$$F = -0.006(\eta_0^2)^2 + 117.422\eta_0^2 \tag{4.17}$$

　　这表明，实际上内孤立波作用力与内孤立波振幅的平方成正比，但并非呈简单的线性关系。

　　在上述的数值模拟试验中，我们以特定的高斯型海山地形来激发模拟内孤立波及其生成传播，但实际海洋中，海山地形变化较为复杂，因此，我们通过将高斯型海山地形的高度 h_0 的变化范围取为 200～230m，将海山地形的宽度 W_s 的变化范围取为 18～27km（表 4.1 中给出了对应于不同海山地形宽度及高度的 16 个数值试验），从而研究在不同的海山地形特征条件下所激发的内孤立波对圆形桩柱的载荷变化情况。

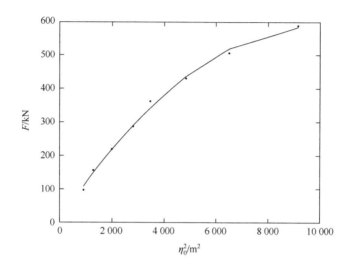

图 4.7　数值模拟估算得到的内孤立波作用力 F 与内孤立波振幅的平方 (η_0^2) 之间的关系

表 4.1　对应于不同海山地形宽度及高度的 16 个数值试验

试验	E1	E2	E3	E4	E5	E6	E7	E8
W_s/h_0	18/200	18/210	18/220	18/230	21/200	21/210	21/220	21/230
试验	E9	E10	E11	E12	E13	E14	E15	E16
W_s/h_0	24/200	24/210	24/220	24/230	27/200	27/210	27/220	27/230

注：其中 W_s 为地形宽度，单位：km；h_0 为地形高度，单位：m。

图 4.8 分别给出了不同高斯型海山地形宽度和高度情况下内孤立波对圆形桩柱的作用力同地形高度 h_0、宽度 W_s 之间的关系。可以看到，无论是海山地形高度或是宽度的变化都会影响到所生成的内孤立波振幅的大小，从而影响到内孤立波对圆形桩柱作用力的变化。图 4.8a 表明，当高斯型海山地形的宽度足够大时，如当 $W_s = 27\mathrm{km}$ 时，对圆形桩柱的作用力仅取决于潮流对其的作用力，

因为此时无显著的内孤立波生成；但是，当地形宽度变窄时，内孤立波对圆形桩柱的作用力则随激发地形的高度增加而逐渐增加。图 4.8b 表明，当高斯型海山地形高度一定时，内孤立波对圆形桩柱的作用力随着地形宽度增加而逐渐减小，并最终减少为仅是潮流对圆形桩柱的作用力。总之，当高斯型海山地形高度增加或宽度变窄时，由于激发的内孤立波更强，相应的内孤立波对圆形桩柱的作用力也更大。图 4.8c 给出了内孤立波对圆形桩柱的作用力随地形坡度尺度（W_s/h_0）变化的关系。其中黑点为数值模拟结果，实线为根据数值模拟结果进行多项式拟合得到的曲线，即通过拟合得到的内孤立波对圆形桩柱的作用力与地形坡度尺度（W_s/h_0）存在如下关系：

$$F = 150(W_s / h_0)^2 - 38400W_s / h_0 + 2.75 \times 10^6 \qquad (4.18)$$

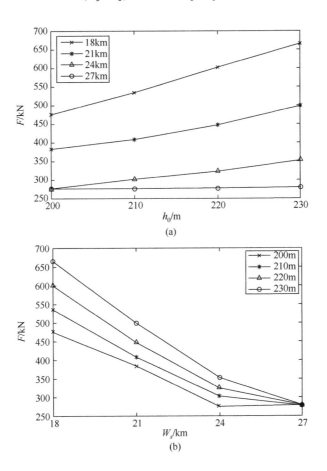

(a)

(b)

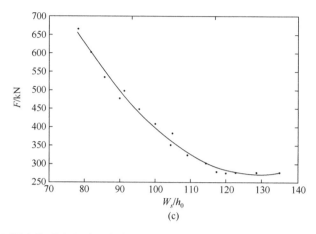

(c)

图 4.8　（a）不同高斯型海山地形宽度下内孤立波对圆形桩柱的作用力随高斯型海山高度 h_0 变化的关系；（b）不同高斯型海山地形高度下内孤立波对圆形桩柱的作用力随高斯型海山宽度 W_s 变化的关系；（c）内孤立波对圆形桩柱的作用力随地形坡度尺度（W_s/h_0）变化的关系

4.2　考虑背景流的内孤立波对圆形桩柱载荷的研究

　　1998 年 6 月，Cai 等（2008a）在南海北部东沙群岛附近一个观测点（20°21.311′N；116°50.633′E）通过 ADCP 进行长达一个月的海流流速观测。将所得数据平均，获取了水深 10～150m 处类似抛物线形的背景流；进而基于实测的海水层化结构，设计了 4 种背景流实验方案（图 4.9）：①抛物线形背景流，如虚线所示；②直线形背景流，如实线所示；③无背景流；④实测背景流，如圈线所示。通过研究发现：背景流的剪切对内波结构影响很小，而背景流曲率对内波结构的影响很大。实际上，这种抛物线形背景流（例如 $U(z) = az^2 + bz + q$，其中 a，b，q 是常数）在南海北部的陆架上经常存在，然而，存在这种抛物线形背景流时内孤立波对圆形桩柱载荷的研究还没有开展。那么，我们很自然地会问，当考虑抛物线形背景流时，潮流流过水下海脊产生的大振幅内孤立波对张力腿平台（TLP）水下张力腿的载荷会产生什么影响？而抛物线形背景流曲率大小会对载荷产生什么影响？下面我们将基于数值模拟方法来研究这些问题。

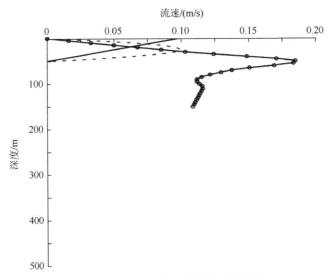

图 4.9　南海北部陆架四种类型的背景流流速随水深的变化（Cai et al.，2008a）

　　在本节中，我们首先利用一个内重力波 IGW 模式（Lamb，2010）通过正压潮流流过水下海脊生成大振幅内孤立波，之后，我们主要研究在不同抛物线形背景流中内孤立波施加到 TLP（图 4.10）的一根圆柱形张力腿的载荷（作用力和力矩）的影响，探究不同曲率的抛物线形背景流影响的差异性。

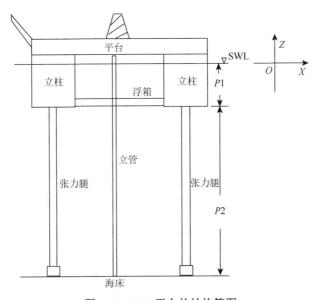

图 4.10　TLP 平台的结构简图

4.2.1　张力腿平台（TLP）简介

　　海洋钻井和油气平台的产生还不到 100 年，但由于陆地上油气资源的日渐匮乏和各个沿海国家的重视，海洋平台发展非常快。从类型上可以分为移动式平台和固定式平台两大类，而移动式平台又可分为坐底式、自升式、船式和半潜式 4 种主要类型。1938 年美国在墨西哥湾首次用栈桥式固定平台钻井采油；1947 年，美国在墨西哥湾水深 6m 处首次用钢结构建造固定平台。由于固定平台具有用途多样化，对恶劣环境适应性强，节约材料和安全可靠的特点，因此，作为第一代海洋钻井平台，这种平台在浅水钻探和油气开采方面得到了广泛应用。但是固定平台搭建完毕后，如果开采不出油气资源，要拆除或搬迁这种固定平台，是非常不经济的，于是产生了移动式平台的设计理念。1949 年，美国建造了第一艘坐底式钻井船"环球 40 号"，它在水深 5m 处工作，钻井深度可达 4572m，可以容纳 40 人在上面作业；但是，这种平台的缺点是仅能在深度小于 30m 的较浅海域施工。为了克服坐底式平台的弱点，1950 年自升式钻井平台研发成功。这种平台具有驳船式船体，浮力足够大，便于把钻井设备和供应品运输到指定井位，配有三至十几条能插入海底的桩腿，桩腿下端设有底垫。工作时通过举升机械把桩腿插入海底，然后把平台举升到波浪打不到的高度。钻井完毕，先把平台降到水面，再拔起桩腿，即可拖航；但是自升式钻井平台一般只能在 100m 以浅海域工作。为了便于深海作业又不增加桩腿长度，于是在 1962 年，半潜式钻井平台研发成功，它由平台本体、立柱和下体或浮箱组成。平台本体高出水面一定高度，其上设有钻井机械设备和生活舱室等；下体或浮箱提供主要浮力，沉没于水下以减小波浪的扰动。20 世纪 70 年代后，半潜式平台发展较快，出现了不同类型的半潜式平台。张力腿平台自 1954 年提出设想，经过数十年的研究实践，技术已经成熟，是一种利用绷紧状态下的锚索产生的拉力与平台的剩余浮力相平衡的钻井平台或生产平台。第一座 TLP 于 1985 年在北海的赫顿（Hutton）油田投入使用。

综上，在 20 世纪 90 年代前，世界油气开发主要集中在 400m 以浅常规水深范围内。目前常规水深的油气资源，大部分已被发现和开采，而深水和超深水海洋具有丰富的油气储藏。由于具有良好的运动性能，TLP 成为深水海域适宜油气生产的平台形式。

TLP 是一种垂直系泊的水平方向顺应式平台，其所用张力腿绷紧成直线，通过独特的结构形式使得浮力远大于其自身重力，剩余浮力由张力腿的预张力平衡，所以张力腿始终处于绷紧状态。TLP 最重要的特点是平台的竖向运动很小，结构惯性力主要是水平方向的回弹力。TLP 的结构造价一般不会随水深增加而大幅度地增大。在钻井或采油作业时，TLP 几乎没有升沉运动和平移运动。

目前已投入使用的 TLP 有 24 座。巩超和黄维平（2015）提出了一种新型延展式张力腿平台设计（图 4.10），其具体参数见表 4.2。从上到下，由夹板、4 个立柱、1 个环形浮箱和 16 根张力腿组成。平台的吃水深度 $P1 = 31.2\text{m}$，张力腿是圆柱形薄壁钢质立柱，直径是 1.0m。在该数值模拟试验中，设计水深是 400m，张力腿的长度 $P2 = 368.8\text{m}$。下面对圆柱直径为 1.0m 的张力腿进行作用力和力矩计算时，只从水下 $-31.2 \sim -400\text{m}$ 进行积分计算。

表 4.2　新型扩展型 TLP 几何参数

水深/m	立柱直径/m	立柱长度/m	浮箱高度/m	吃水深度 P1/m	张力腿直径/m	张力腿长度 P2/m
400	16	42	8	31.2	1.0	368.8

4.2.2　IGW 数值模式介绍

这里我们使用的 IGW 模式，由加拿大滑铁卢大学应用数学系 Lamb 教授领导的团队研发，是一个二维 (x, z) 连续层化、非静力、非线性的模式（Lamb，2010）。这个模式已经被成功地用来研究多个内孤立波的生成问题，它采用刚盖近似，此外，还具有以下功能：可以根据需要选取黏性和扩散影响；垂向或水平变网格技术；侧向边界条件的关闭和开启；沿着上边界、侧边界、底边界的滑动或无滑动条件选取；可以在指定位置设定锚系设备，以便按时间序列输出变量；粒子示踪技术等。基于 Boussinesq 近似，模式的控制方程由不可压缩的纳维-斯托克斯方程（Navier-Stokes equation）简化为

$$\tilde{\rho}(\boldsymbol{u}_t + \boldsymbol{u} \cdot \nabla \boldsymbol{u}) = -\nabla \tilde{p} - \tilde{\rho} g \hat{\boldsymbol{k}} + \mu \nabla^2 \boldsymbol{u} \tag{4.19}$$

$$\tilde{\rho}_t + \boldsymbol{u} \cdot \nabla \tilde{\rho} = \kappa \nabla^2 \tilde{\rho} \tag{4.20}$$

$$\nabla \cdot \boldsymbol{u} = 0 \tag{4.21}$$

其中，$\boldsymbol{u} = (u, w)$ 是 x-z 平面内的速度，$\tilde{\rho}$ 是密度，$\tilde{p}$ 是压强，g 是重力加速度，$\hat{\boldsymbol{k}}$ 是 z 方向的单位矢量；μ 是涡动黏性系数，κ 是涡动扩散系数。控制方程的密度和压强可以分解成两部分，如下式所示：

$$\tilde{\rho} = \rho_0 (1 + \rho) \tag{4.22}$$

$$\tilde{p} = -\rho_0 g z + \rho_0 p \tag{4.23}$$

其中，$\rho_0 = 1025 \text{kg/m}^3$ 是参考密度，ρ 是相对于参考密度的无量纲变量，p 是相对于压强的无量纲变量。将方程（4.22、4.23）代入方程组（4.19~4.21）后，则原控制方程可以简化为

$$(1 + \varepsilon \rho)(\boldsymbol{u}_t + \boldsymbol{u} \cdot \nabla \boldsymbol{u}) = -\nabla p - \rho g \hat{\boldsymbol{k}} + \nu \nabla^2 \boldsymbol{u} \tag{4.24}$$

$$\rho_t + \boldsymbol{u} \cdot \nabla \rho = \kappa \nabla^2 \rho \tag{4.25}$$

$$\nabla \cdot \boldsymbol{u} = 0 \tag{4.26}$$

当参数 $\varepsilon = 0$ 时，则为 Boussinesq 近似；当 $\varepsilon = 1$ 时，则为非 Boussinesq 近似。$\nu = \mu / \rho_0$ 是运动黏性系数。上述简化的控制方程可以用二阶投影法在区域 DE 内（其中，$DE = \left\{ (x, z) \middle\| x_l \leqslant x \leqslant x_r, -H(x) = -H + h(x) \leqslant z \leqslant z_{top} \right\}$）求解。

关于 IGW 模式的详细内容可以阅读文献（Lamb，2010）。

4.2.3　数值模拟试验的设计

水下海脊地形被定义为

$$H(x) = -[H_0 - h_0 \exp(-x^2 / W_s)] \tag{4.27}$$

其中水深 $H_0 = 400\mathrm{m}$，海脊高度 $h_0 = 270\mathrm{m}$，海脊的宽度参数 $W_s = 15\mathrm{km}$（图 4.1）。为了使得边界不对模拟区内产生扰动，模拟区域需要设置足够长（$-300\mathrm{km} < x < 300\mathrm{km}$）。在左边界上，施加 M_2 正压潮流强迫，右边界采用辐射边界条件。在所有模式实例中，模拟区域的水平分辨率是 100m，垂直方向上分成 82 层。为了简化计算，垂向黏性、垂向扩散和底部摩擦在数值模拟试验中均未考虑。在垂向上，采用了相对于深度的 sigma 坐标转换，通过引进变量将强层化的深度间隔弱化，层的厚度减小（Vlasenko & Alpers，2005），如下式所示：

$$x_2 = x, \quad z_2 = \int_z^0 N(s)\mathrm{d}s \Big/ \int_{-H(x)}^0 N(s)\mathrm{d}s \tag{4.28}$$

这种变换使得在跃层中的内孤立波的计算更加有效。计算中，最大时间步长 20s，采用变时间步长技术，以满足柯朗-弗里德里希斯-列维条件（Courant-Friedrichs-Lewy condition，CFL condition）。

在模式中，无量纲密度变量 ρ 的设定如下式所示：

$$\rho(z) = \frac{-N_0^2}{g \times \left[z + 25 \times 50 \times \left(1 + \tanh\left(\dfrac{z+80}{50} \right) \right) \right]} \tag{4.29}$$

其中，$N_0^2 = 1.73 \times 10^{-5}\mathrm{s}^{-2}$ 是海洋底层的最小浮力频率的平方，垂向浮力频率 $N(z)$ 在水深 80m 处出现最大值，大约为 12.16cph。图 4.11 是数值模式中所采用的垂向浮力频率的分布，与 2009 年 6 月 24、25 日在南海北部东沙群岛附近 K106 站基于 CTD 观测获取的层结程度相似。密度跃层的下边界在 150.5m 处，此处浮力频率等于最大浮力频率的 1/2。

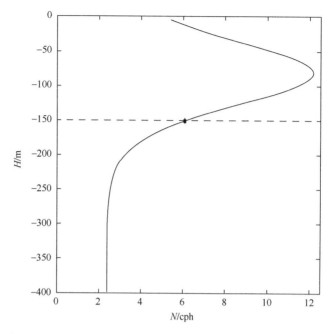

图 4.11　南海东沙群岛附近浮力频率随水深的分布（虚线 $z = -150.5\mathrm{m}$ 代表密度跃层底边界）

　　为了增加背景流的影响范围，在 $x < -34\mathrm{km}$ 设定初始流场 $U(z)$。下面除了 E0 不考虑背景流外，设计了 3 类抛物线形背景流（E1、E2 和 E3）来研究不同背景流曲率对内孤立波载荷影响的敏感性，通过对比：①有、无背景流时（对比试验 E0 与 E1）；②抛物线形背景流影响深度相同，曲率不同（对比试验 E1 与 E2）；③抛物线形背景流最大流速相同，曲率不同（对比试验 E2 与 E3）。表 4.3 和图 4.12 列出了 4 个标准试验，图 4.13 和图 4.14 分别给出数值模拟试验中 3 类抛物线形背景流的剪切 $\dfrac{\partial U(z)}{\partial Z}$ 和曲率 $\dfrac{\partial^2 U(z)}{\partial Z^2}$。

表 4.3　抛物线形背景流的 4 个标准试验设置条件

E0	无背景流
E1	抛物线形背景流影响深度 250m，在 $z = -125\mathrm{m}$ 处最大流速为 0.1m/s，背景流曲率为 -1.28×10^{-5}/m/s
E2	与 E1 类似，但在 $z = -125\mathrm{m}$ 处最大流速为 0.2m/s，背景流曲率为 -2.56×10^{-5}/m/s
E3	与 E2 类似，抛物线形背景流影响深度为 100m，背景流曲率为 -1.6×10^{-4}/m/s

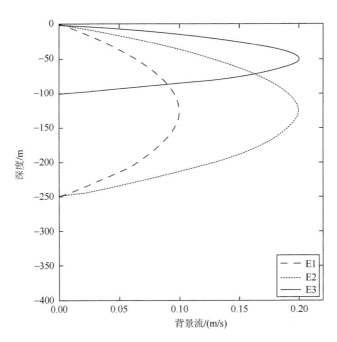

图 4.12　数值模拟试验中所使用的 3 类抛物线形背景流 $U(z)$ 的垂向分布

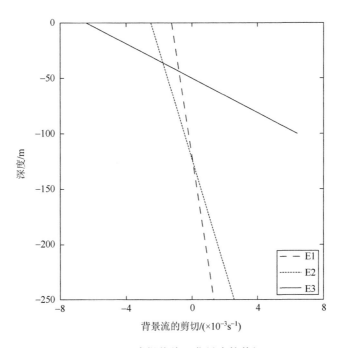

图 4.13　3 类抛物线形背景流的剪切

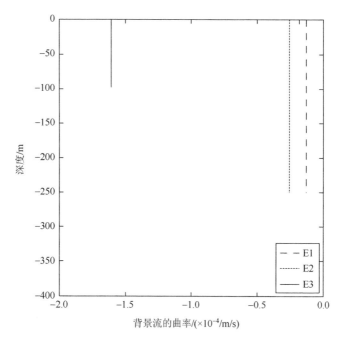

图 4.14　3 类抛物线形背景流的曲率

4.2.4　模式有效性

　　在标准试验 E0 中，不存在抛物线形背景流的影响。多个内孤立波波包在源地生成，并向左右两个方向传播。需要注意的是：基于 IGW 模式模拟的内孤立波在海脊两侧不是对称结构，因为在左边界上给定背景流作为强迫条件，与向右传播的内孤立波波包相遇，所以这里仅就模拟的左半区域进行讨论。图 4.15 分别给出波包 A 在 $t = 2.00T$、$2.50T$、$2.75T$ 时的密度场，波包在 $t = 2.00T$ 时到达-37.39km 处，相速度为 1.39m/s，此时正值落潮流速最大时刻，正压潮流方向与波包的传播方向相反。然而波包在 $t = 2.50T$ 时到达-68.59km 处，处于涨潮流速最大时刻，正压潮流方向与波包的传播方向相同，相速度为 1.94m/s。而在 $t = 2.75T$（平潮）时相速度约为 1.67m/s。这是因为正压潮流提供了不同方向的背景流，当潮流与内孤立波传播方向一致时，内孤立波的相速度就增加；反之，当潮流与内孤立波传播方向相反时，相速度就减小。

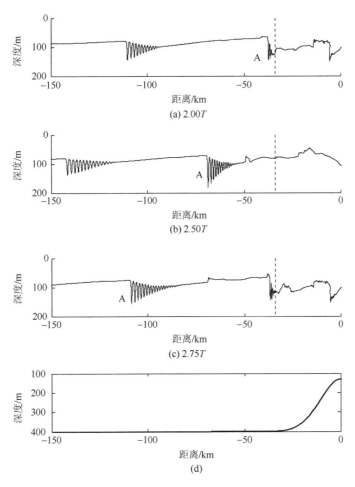

图 4.15　试验 E0 模拟至（a）2.00T、（b）2.50T 和（c）2.75T 时的密度等值线的波动（图中仅给出 $\bar{\rho} = 1023.3\mathrm{kg/m^3}$ 的密度等值线的变化情况，虚线表示背景流影响的右边界位置）及（d）随距离变化的底地形

这里采用 2009 年 6 月 24 日 "科学一号" 科考船在 19:43 到 19:54 使用船载 X 波段雷达、温度链、ADCP 观测一个内孤立波波包（Lv et al.，2010）时得到的实测流速进行验证。当时正值停潮，正压潮流接近 0。图 4.16 给出了模式运行至 $t = 2.25T$ 时模拟得到的波包 A 的首波波谷断面处水平流速与观测值对比。从中可以看出，模拟结果与观测结果的流速变化趋势具有较好的一致性。

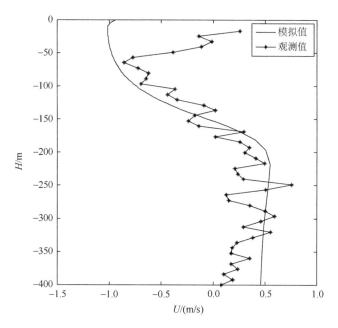

图 4.16　模式运行至 $t = 2.25T$ 时模拟得到的波包 A 的首波波谷断面处水平流速与观测值对比

4.2.5　无背景流时

本节选取的是标准试验 E0 在 $t = 2.25T$ 前后半个潮周期的模拟结果，其间波包 A 的最大振幅大约为 81.9m。

假设坐标原点在海表面，根据 Morison 公式，则作用在 z 处的作用力 F 和力矩 M 可以写成：

$$p(t) = \frac{1}{2}\rho C_D D|u|u + \rho C_M \frac{\pi D^2}{4}\frac{\partial u}{\partial t} \qquad (4.30)$$

$$F(z,t) = \int_{-P1}^{-H_0} p(z,t)\mathrm{d}z = \int_{-P1}^{-H_0}\left(\frac{1}{2}\rho C_D D|u|u + \rho C_M \frac{\pi D^2}{4}\frac{\partial u}{\partial t}\right)\mathrm{d}z \qquad (4.31)$$

$$M(z,t) = \int_{-P1}^{-H_0} p(z,t)z\mathrm{d}z$$

$$= \frac{1}{2}C_D D\int_{-P1}^{-H_0}\rho u(z,t)|u(z,t)|z\mathrm{d}z + \rho\int_{-P1}^{-H_0}z\left(C_M \frac{\pi D^2}{4}\frac{\partial u}{\partial t}\right)\mathrm{d}z \qquad (4.32)$$

其中，$p(t)$ 代表单位长度的载荷，D 是立桩直径，ρ 是海水密度，u 是 x 方向速度分量，t 是时间。C_D、C_M 分别是拖曳系数和惯性系数，为了计算方便，我们选取与本章 4.1.2 节一样的取值，即在下面的计算中 $C_D = 0.6$，$C_M = 1.8$。在绝大多数情况下，内孤立波的波长 λ 可达几百米，都能满足 $D/\lambda \leqslant 0.15$ 的计算条件。基于前面的数值模拟的波致流场，可以计算得到内孤立波波包 A 施加在 TLP 一个张力腿上的作用力和力矩。

图 4.17 显示从 $1.750T$ 到 $2.250T$ 期间波包 A 经过张力腿时施加的作用力和力矩的时间序列，此时圆柱张力腿布设在 $x = -52.7\text{km}$ 处，其间正压潮流流向与波包 A 的传播方向相反。可以发现：无背景流时，最大作用力和力矩都出现在 $t = 2.000T$ 时刻，此时正压潮流向右且最大，波致流速达到最大。作用力和力矩的大小随着波包 A 中单个孤立波依次经过张力腿，而随时间依次减小。最大作用力和力矩分别为 39.75kN 和 $-1.4 \times 10^4\text{kN·m}$。

然后假设张力腿布设在 $x = -88.6\text{km}$ 处，图 4.18 显示了从 $2.250T$ 到 $2.750T$ 期间波包 A 施加到张力腿上的作用力和力矩的时间序列。此时，正压潮流和波包 A 的传播方向相同。可以发现，两种情况下的最大作用力的方向相反，另外后半个周期计算的最大力矩比前半个周期的值小得多。这个原因在上一节已经指出，即正压潮流流向决定作用力的方向，而潮流流向的改变对整个水深垂向流速的积分深度有很大影响。最大作用力主要被整个水深内的总流速影响，因而在两种情况下其大小改变较小；但最大力矩主要被整个水深垂向流速的积分深度影响，因此其改变大。

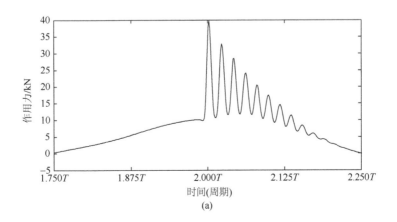

(a)

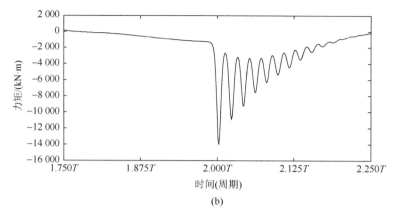

(b)

图 4.17　数值模拟试验 E0 中内孤立波波包 A 施加于布设在 $x=-52.7$km 的张力腿的作用力（a）和力矩（b）的时间序列

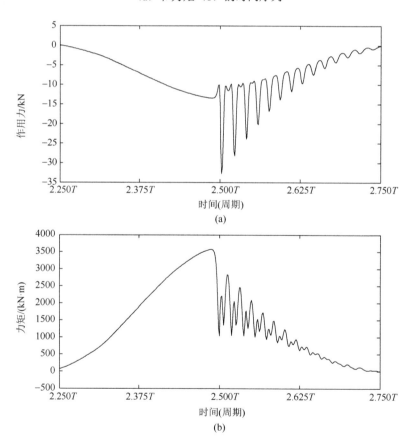

(a)

(b)

图 4.18　数值模拟试验 E0 中内孤立波波包 A 施加于布设在 $x=-88.6$km 的张力腿的作用力（a）和力矩（b）的时间序列

从图 4.17 和图 4.18 可以看出，正压潮流对内孤立波施加于张力腿的作用力和力矩在周期内存在差异性。当涨潮期间，此时涨潮流方向与内孤立波方向一致，涨潮流速最大时刻（$t=2.500T$）和落潮流速最大时刻（$t=2.000T$），涨潮时的作用力和力矩是涨潮流和内孤立波波致流对圆柱张力腿作用力之和，因而在 t 为 2.500T 和 2.000T 时刻时求得的作用力与力矩受到涨潮急流和落潮急流的影响，单独内孤立波对圆柱张力腿的载荷垂向分布特征不明显，如图 4.19 和图 4.20 所示。

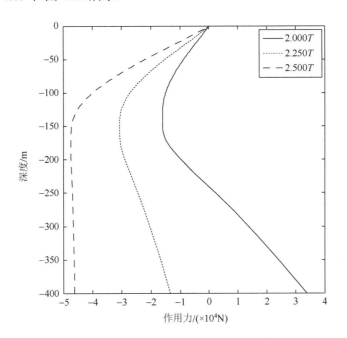

图 4.19　试验 E0 中当 t 分别为 2.000T、2.250T 和 2.500T 时，内孤立波施加于张力腿的作用力随水深变化

为了研究抛物线形背景流对内孤立波施加于张力腿的作用力和力矩的影响，我们采用 $t=2.250T$ 时刻的模拟结果分析，此时正压潮流近似等于 0。

4.2.6　背景流的影响

图 4.21 显示从 t 为 1.750T 到 2.250T 期间波包 A 经过张力腿时施加的作

用力和力矩的时间序列，此时张力腿立桩布设在 $x = -52.7\text{km}$ 处，其间正压潮流流向与波包 A 的传播方向相反。可以发现：无论是否存在背景流，最大作用力和力矩都出现在 $t = 2.000T$ 时刻，此时正压潮流向右且最大，波致流速达到最大。作用力和力矩的大小随着波包 A 中单个孤立波依次经过立桩，而随时间依次减小。

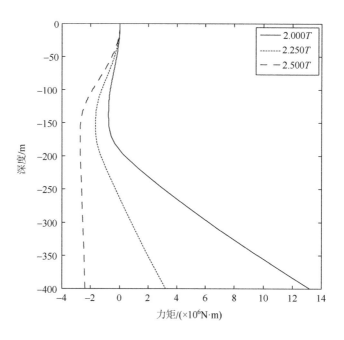

图 4.20　试验 E0 中当 t 分别为 2.000T、2.250T 和 2.500T 时，内孤立波施加于张力腿的力矩随水深变化

图 4.22 显示了从 t 为 2.250T 到 2.750T 期间波包 A 施加到张力腿立桩上的作用力和力矩的时间序列。此时，正压潮流和波包 A 的传播方向相同。可以发现，无论是否存在背景流，两种情况下最大作用力的方向均相反，另外后半个周期计算的最大力矩比前半个周期计算的最大力矩小得多。当抛物线形背景流存在时，内孤立波到达张力腿的时间延后，进而其施加到张力腿上的作用力和力矩也延迟。

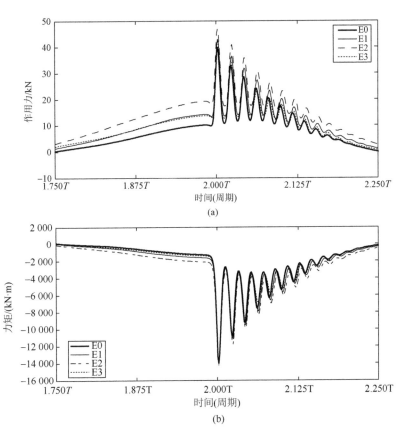

图 4.21　试验 Ei(i = 0~3）中内孤立波波包 A 施加于布设在 x = –52.7km 处的张力腿的作用力
（a）和力矩（b）的时间序列

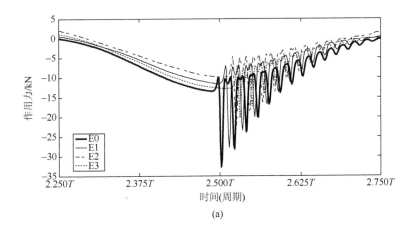

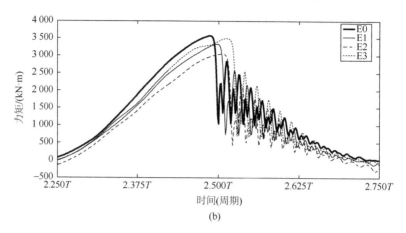

(b)

图 4.22　试验 Ei(i = 0～3)中内孤立波波包 A 施加于布设在 x = −88.6km 处的张力腿的作用力（a）和力矩（b）的时间序列

　　基于公式（4.30），我们计算了波包 A 首波施加的单位长度载荷。注意：在某一深度单位长度作用力等于 0，在此深度处水平流速变为 0，开始反向流动。为了方便，我们定义此深度为拐点深度。在试验 E0 中，拐点深度在 z = −154.46m 处，如图 4.23 中的粗虚线所示，关于拐点深度的更多信息见表 4.4 和图 4.23c，试验 E1、E2、E3 中拐点深度分别为−143.71m、−132.11m、−143.71m。图 4.23a 和图 4.23c 分别显示沿着波包 A 首波波谷断面的单位长度拖曳力和水平流速的垂向分布。根据表 4.4、图 4.23a 和图 4.23c，可以发现：

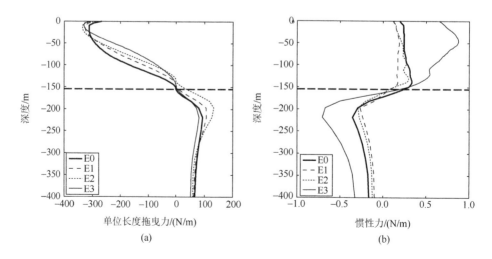

(a)　　　　　　　　　　　　　　　　(b)

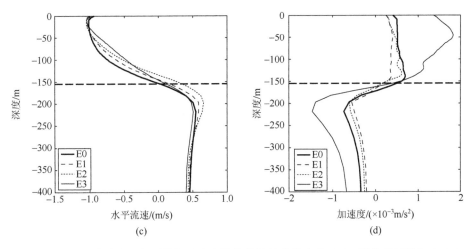

图 4.23　波包 A 首波波谷断面施加于张力腿的单位长度拖曳力（a）、单位长度惯性力（b）、水平流速（c）和加速度（d）的垂向分布（粗虚线表示试验 E0 的拐点深度在 $z = -154.46\mathrm{m}$）

（1）不存在背景流时，单位长度拖曳力的方向在跃层底边界处改变方向，此时水平流速在垂向上的拐点处于跃层底边界处。从此深度开始向上、向下单位长度拖曳力的大小均增大，如试验 E0；

（2）由于背景流流向与波包 A 的传播方向相反，导致水平流速在垂向上的拐点深度变浅，从拐点深度向上（向下）单位长度拖曳力减小（增大），如试验 E0 与 E1；

（3）当抛物线形背景流影响深度相同时，随着背景流曲率的增加，单位长度拖曳力从拐点深度向上减小，向下增加，如试验 E1 与 E2；

（4）当背景流最大流速相同时，随着背景流曲率的增加，单位长度拖曳力的大小减小而拐点深度增加，如试验 E2 与 E3。

图 4.23b 和图 4.23d 显示了沿着波包 A 首波波谷断面计算的单位长度惯性力和水平流速加速度 u_t 的垂向分布，根据公式（4.30），水平流速加速度控制着单位长度惯性力，因此它们的垂向分布相同。可以发现：单位长度惯性力的方向在跃层底边界附近改变，同时除了试验 E3 之外，单位长度惯性力大小的垂向分布相似，这是因为试验 E3 中背景流较强，而且仅作用于跃层内部，改变了上层和下层的水平流速加速度的垂向分布。由于惯性力的大小比拖曳力小

得多，所以通常在计算内孤立波载荷时惯性力可以忽略。

因为惯性力比拖曳力小得多，总载荷（即单位长度拖曳力和惯性力之和）的垂向分布与图4.23a中单位长度拖曳力的垂向分布很相似，图4.24显示波包A首波波谷断面施加于张力腿的单位长度载荷的垂向分布。根据表4.4和图4.24，可以发现：

（1）不存在背景流时，单位长度载荷 p 在跃层底边界处改变方向，此时水平流速在垂向上的拐点处于跃层底边界处。从此深度开始向上和向下的单位长度载荷 p 的大小均增大，如试验 E0；

（2）由于背景流流向与波包A的传播方向相反，导致水平流速在垂向上的拐点深度变浅，从拐点深度向上（向下）单位长度拖曳力减小（增大），如试验 E0 与 E1；

（3）当抛物线形背景流影响深度相同时，随着背景流曲率的增加，单位长度载荷 p 从拐点深度向上减小，向下增加，如试验 E1 与 E2；

（4）背景流最大流速相同时，随着背景流曲率的增加，单位长度载荷 p 的大小减小而拐点深度增加，如试验 E2 与 E3。

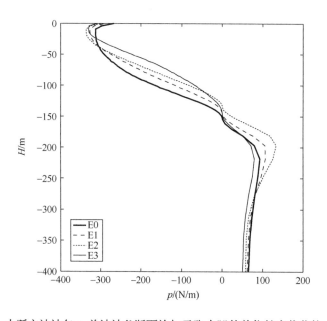

图 4.24　内孤立波波包 A 首波波谷断面施加于张力腿的单位长度载荷的垂向分布

根据公式（4.31）计算得到波包 A 首波波谷断面施加的作用力垂向分布见图 4.25。因为单位长度拖曳力的方向在水平速度拐点深度改变，所以最大作用力出现在水平流速的拐点深度处，这与 Si 等（2012）的研究一致，他们发现内孤立波施加的作用力在内孤立波波致水平流速拐点处达到最大。试验 $Ei(i = 0\sim3)$ 最大作用力分别为 -3.070×10^4N、-2.752×10^4N、-2.565×10^4N、-2.275×10^4N，其分别发生在 -154.46m、-143.71m、-132.11m、-143.71m。根据表 4.4 和图 4.25，可以发现：

（1）当存在抛物线形背景流时，最大作用力所处的深度变浅，从拐点深度向上或向下，最大作用力都减小，如试验 E0 与 E1；

（2）当抛物线形背景流影响深度相同时，最大作用力发生深度和最大作用力大小都随着背景流曲率的增加而减小，如试验 E1 与 E2；

（3）当抛物线形背景流最大流速相同时，最大作用力的大小随着背景流曲率的增加而减小，最大作用力的深度则增加，如试验 E2 与 E3。

根据公式（4.32），计算了波包 A 的首波波谷断面施加于张力腿立柱的力矩。试验 $Ei(i = 0\sim3)$ 最大力矩分别为 3232.58kN·m、3811.25kN·m、4325.27kN·m、3037.37kN·m。图 4.26 显示了力矩的垂向分布情况，可以发现：

（1）无论是否存在抛物线形背景流，力矩在水平流速的拐点处都存在一个负的极大值，而力矩的最大值出现在张力腿立柱底部；

（2）当存在抛物线形背景流时，处于水平流速拐点深度处的反向力矩极大值变小。我们模拟的结果与 Si 等（2012）的一致，即力矩在张力腿立柱底部最大。

表 4.4　模式运行至 $t = 2.25T$ 时内孤立波波包 A 的首波波谷断面施加于张力腿载荷和特征量

试验	内孤立波振幅 η/m	最大位移深度 h_0/m	内孤立子数目	首波位置/km	相速度/(m/s)	最大作用力/kN	最大作用力深度/m	最大力矩/(kN·m)	水平流速拐点深度/m
E0	69.16	85.27	12	−68.59	1.67	−30.70	154.46	3232.58	154.46
E1	76.93	71.64	13	−67.99	1.67	−27.52	143.71	3811.25	143.71
E2	72.97	65.99	13	−67.59	1.67	−25.65	132.11	4325.27	132.11
E3	76.08	73.02	14	−67.39	1.67	−22.75	143.71	3037.37	143.71

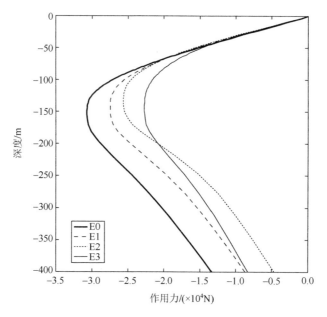

图 4.25　内孤立波波包 A 首波波谷断面施加于张力腿的作用力垂向分布

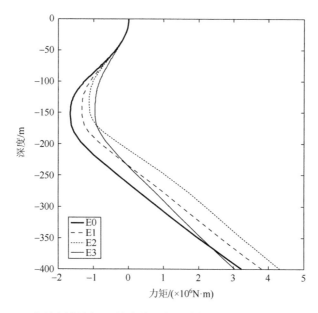

图 4.26　内孤立波波包 A 首波波谷断面施加于张力腿的力矩垂向分布

4.2.7　正压潮流强迫对作用力和力矩计算的敏感性

上面 4 个标准试验仅仅考虑正压潮流 U_{bt} = 0.30m/s 情况，下面我们另外设计了 28 个试验来研究潮流大小对作用力和力矩计算的敏感性，其中潮流的流速从 0.15m/s 到 0.50m/s 变化，每个试验的速度变化间隔为 0.05m/s。

图 4.27 显示在不同潮流强迫下 4 类背景流各自的最大作用力的变化。可以发现：

（1）无论是否存在背景流，最大作用力都随着正压潮流强迫的增大而增加；

（2）存在背景流时，最大作用力减小；除了 U_{bt} = 0.50m/s 外，最大作用力均随着抛物线形背景流曲率的增加而减小。

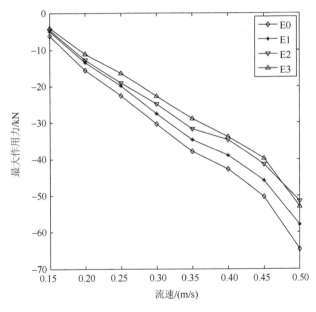

图 4.27　最大作用力在试验 Ei(i = 0～3)背景流作用下，随着不同潮流强迫的变化，其中流速的变化范围为 0.15m/s < U_{bt} < 0.50m/s，变换间隔 0.05m/s

图 4.28 显示在不同潮流强迫下 4 类背景流各自的最大力矩的变化。可以发现：

（1）张力腿立柱底部的最大力矩均随着正压潮流强迫的增强而增加；

（2）当背景流影响深度相同时，随着背景流曲率的增加，最大力矩也增大；

（3）当背景流最大流速相同时，随着背景流曲率的增加，最大力矩减小。抛物线形背景流对最大力矩的影响可能随着背景流过水断面通量的增加而增强。

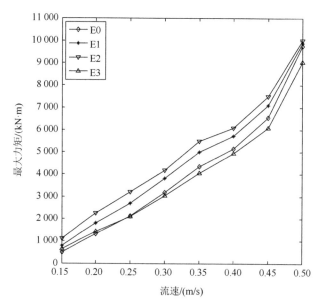

图 4.28   最大力矩在试验 Ei(i = 0～3)背景流作用下，随着不同潮流强迫的变化，其中流速的变化范围为 0.15m/s ＜ U_{bt} ＜ 0.50m/s，变换间隔 0.05m/s

4.3   本 章 小 结

本章利用一个自主建立的 2.5 维的基于涡量-流函数形式的强非线性非静力内孤立波生成和传播的数值模式和一个内重力波模式，分别进行数值模拟得到内孤立波的生成和传播过程，通过实测数据验证了模式的可行性，进而利用数值模式的结果和 Morison 公式来计算分析该成熟的内孤立波对设定的小直径圆形桩柱或张力腿的载荷。通过对本章一些计算结果的分析，可以得到如下一些结论：

（1）无论内孤立波的传播方向与潮流方向相同或相反，内孤立波产生的载荷都要比潮流载荷大。当内孤立波传播方向与局地正压潮流方向相同时，内孤立波产生的倾覆力矩远远大于仅有潮流产生的倾覆力矩；然而，当内孤立波传播方向与局地正压潮流方向相反时，内孤立波产生的倾覆力矩与潮流产生的倾覆力矩则基本相当。此外，我们还得到两个对于海洋工程有参考意义的经验公式，即内孤立波载荷同内孤立波的振幅平方 η_0^2 之间的关系可近似表示为：$F = -0.006(\eta_0^2)^2 + 117.422\,\eta_0^2$；内孤立波载荷同地形坡度尺度（$W_s/h_0$）之间的关系可近似表示为：$F = 150(W_s/h_0)^2 - 38400W_s/h_0 + 2.75\times10^6$。

（2）无论是否存在抛物线形背景流，最大作用力始终处于水平速度拐点深度处，从拐点深度向上（向下），单位长度载荷 p 减小（增加）。在拐点深度处，始终存在一个力矩的反向极值，而力矩的最大值在张力腿立柱底部。随着正压潮流强迫的增强，最大作用力和最大力矩均增大。存在抛物线形背景流时，拐点深度变浅，作用力的大小从拐点深度处向上或向下减小。当抛物线形背景流影响深度相同时，最大作用力的大小和最大作用力所处深度均随着背景流曲率的增加而减小。当抛物线形背景流最大流速相同时，单位长度拖曳力和最大作用力的大小随着背景流曲率的增加而减小。随着背景流曲率的增加，最大作用力所处深度和拐点深度均增加。

第5章 南海内孤立波的观测及其风险防范

在前面几章中，我们基于 KdV 浅水理论方程、MCC 理论的分析方法及数值模式模拟等手段来计算内孤立波载荷并列举了应用实例。南海东北部至吕宋海峡之间是一个内孤立波活动频繁的海区，国家对于南海海洋资源开发或海洋工程有迫切需要，认识这个海区的内孤立波特征、生成传播演变规律十分必要，而从海上现场获取内孤立波实测资料尤其关键。一般来说，海洋中的内孤立波大都是通过利用卫星遥感图像发现的，之后再通过对发现海区现场的各种水文环境要素进行测量来获得各种物理参数特征。因此，本章将主要介绍南海内孤立波的一些现场观测方法及其风险防范措施。

本章的安排如下：在 5.1 节中，主要介绍以往在南海进行内孤立波现场观测的一些方法；在 5.2 节中，简要地介绍了南海海洋资源开发或海洋工程中应对内孤立波袭击的一些风险防范措施；最后在 5.3 节进行了小结。

5.1 海上内孤立波的观测方法

在海洋中，常用的现场监测内孤立波的仪器包括：ADCP，它主要被用于测量某一垂向剖面的海水流速随水深的分布；CTD，它主要被用于测量某一垂向剖面的海水温度、盐度随水深的分布；海流计，它主要被用于测量某一定点某一水深的海流变化；温盐传感器（如 CT），它主要被用于测量某一定点某一水深的温度和盐度变化；温度传感器（如测温链 T），它主要被用于测量某一定点某一水深的温度变化；等等。

5.1.1 船舶定点观测

1998 年 4 月至 7 月，中国科学院南海海洋研究所的"实验 3"号科学考察船作为海上大气与海洋的观测平台锚定在东沙群岛南缘附近的大陆坡处，参与南海季风试验的海上观测（图 2.2）。其间，有经验的海上考察队员在东沙群岛南部海域附近（20°21.311′N；116°50.633′E）发现如下的规律性现象：大约在每天的同一时间里，平静的海面上有时会突然从吕宋海峡方向传来带宽 1～2km 的波动"绸带"，并逐渐向船体逼近。该"绸带"间的波澜明显与平常所见的杂乱无章的波浪不同，当它通过船体时会造成船体持续约几分钟的剧烈晃动。于是科考队员判断这种巨大的海面带状波澜预示着可能有内孤立波在海面下快速传播而过。1998 年 6 月 14 日，船上的科考队员将捆绑在船底的 150kHz 的 ADCP（理论上其可观测深度只有靠上层的 150m，但由于该观测点的水深约为 472m，因此只观测到上层不到 1/3 水深的流速）的垂向分辨率设定为 4m，采样时间间隔为 30s。事后的流速观测数据分析表明，这种方法可以捕捉到内孤立波从到达到离开共 18.3min 的整个过程，它通过观测点时的波致水平流速最大值为 210cm/s、流向角约为 270°，出现在 58m 层附近（约在 10:53:15 时刻），且在这个水层之上及之下的流速最大值均相应减小，其具体的流速变化过程详见 2.2 节，在此不再赘述。实际上，即使船载的 150kHz 的 ADCP 在其余的观测中所设定的采样时间间隔是 3min，这样较低的时间分辨率仍然勉强可以捕捉到内孤立波通过时观测点的信号。例如，1998 年 5 月 14 日 01:47:42，采样时间间隔为 3min 的船载 ADCP 同样捕捉到一内孤立波，该波通过观测点时的波致水平流速最大值为 183cm/s、流向角约为 255°，同样出现在 58m 层附近，且在这个水层之上及之下的流速最大值均相应减小；1998 年 6 月 11 日 09:04:42，ADCP 捕捉到的内孤立波波致水平流速最大值为 182cm/s、流向角约为 295°，出现在 26m 层附近，且在这个水层之上及之下的流速最大值同样相应减小；等等。通过整理整个观测时期发现的内孤立波事件，可以发现，当船载的 150kHz 的 ADCP 的观测采样时间间隔为 30s 时捕捉到的内孤立波波致水平流速最大值比观测采样时间间隔为 3min 时捕捉到的内孤立波波致水平流速最大值大。可见，降低 ADCP 的采样分辨率，可能会导致观测得到的波致水平流速最大值偏小。为何会出现这种情况，我们将在下文中继续讨论这个问题。

从上文可见，虽然船载的 ADCP 可以捕捉到内孤立波通过时观测点的信号，但是，这种观测方法存在明显的缺点。第一，这种定点观测的剖面深度流速数据受到单个 ADCP 的观测深度限制，因为对于不同频率的 ADCP，其对应的有效观测深度都有限，对于深海，显然难以做到覆盖整个水深剖面。第二，由于事先无法预见是否会有内孤立波从考察船的底下传播通过，因此无法观测到内孤立波经过观测点时的其他同步要素（如温度、盐度）的变化特征，一方面，等目测到海面出现异常的"绸带"波澜时已经来不及从船上投放事先预备的 CTD，另一方面当内孤立波在船底下通过时会带来船体的剧烈晃动，从而使投放入海的捆绑测量仪器的缆绳因船体的激烈拉扯导致缆绳之间扭结，严重时将导致水下观测仪器的丢失等事故。第三，即使投放入海的测量仪器没有丢失，船体也会因内孤立波传播引起的剧烈晃动导致温度和盐度等要素的测量误差增大。

因此，最理想的观测内孤立波方法是将常用的内孤立波观测仪器如 ADCP、CTD 或其他测温链、声学释放器、浮球等按预定的距离布设好并用结实的专用缆绳进行捆绑，系在潜标或浮标上做成一个定点观测系统。

5.1.2　潜标、浮标定点观测

图 5.1 给出了一个内孤立波潜标观测系统的简图。

该套内孤立波潜标观测系统包含常用的内孤立波观测仪器 ADCP、CTD、CT、测温链 T、声学释放器、浮球和水下重块等，它们按预定的距离布设好并用 Kevlar 缆绑住。其中"双向 ADCP"实际上包含向上发射信号和向下发射信号的 ADCP 各一个；CTD 用于校正仪器所在的深度并观测所在层次的海水温度和盐度；为了节省观测成本也可以采用 CT 观测所在层次的海水温度和盐度或采用 T 观测所在层次的海水温度；浮球的作用在于借助其浮力来平衡成串的观测仪器以及水下重块的重力，使得观测系统在水下保持绷直的姿态；而声学释放器的作用则是在完成观测任务后，可以通过计算机向它们发出指令，使得和它绑在一起的绳子松开，之后由绳子绑住的那些内孤立波观测仪器会由于浮球浮力的作用而浮出海面，以便于科考队员从海面打捞回收，进而读取仪器中自容的观测数据；而水下的重块则丢弃于海底。一般来说，置于最上面的观测仪器最好离海面 50m 左右（即做成一个不露出海面的潜标观测系统），以避免人为的破坏、渔网的缠绕或者过往船只的磕碰，而位于最下面的声学释放器大约离海底 30m。根据内孤立波振幅垂直方向的分布特性，一般是波动振幅最大的位置

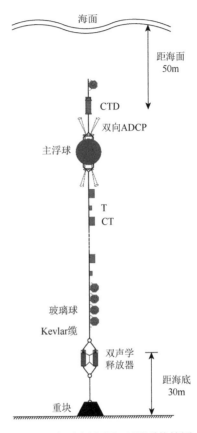

图 5.1　内孤立波潜标观测系统简图

位于温跃层下方，然后往上或往下逐渐减小，因此，布设各种仪器时原则上是要对观测海区的温跃层的深度有事前的了解，在温跃层所在深度附近及其上方的仪器布设得较密且多一些，而在其下方的仪器布设得较疏且少一些。之后，由科考船将潜标观测系统投放到内孤立波频繁出现的海域水底进行定点长期测量，在经过一定时间后再利用科考船将该潜标观测系统中的观测仪器回收并读取内孤立波的观测数据。由于内孤立波传播经过某一观测点的时间大约是 0.5h，因此，观测海流的时间分辨率最好不要低于 2min，于是，观测一个月还是两个月的时期长短就取决于 ADCP 自身所携带的电池电量及测量海流时所设定的采样频率。由此可见，内孤立波潜标观测系统这种测量方法的主要缺点

是：①观测时段的长短依赖于 ADCP 等仪器所携带的电池电量；②需要科考船先后到达观测地点进行投放和回收，大大增加了观测成本；③为避免人为因素的影响，无法观测到 50m 以上水层的海流、温度和盐度等要素的变化；④观测数据无法进行实时传输。

当然，采用浮标来替代潜标也是一种方法，即将上述的成串观测仪器挂在浮标下方来进行观测。采用浮标来进行观测可以克服采用潜标来进行观测的一些缺点，譬如，①通过采用波浪能发电或风能发电的形式给浮标提供电源，再通过有线电缆供电给 ADCP 等仪器，从而可以解决潜标无法给 ADCP 等仪器提供电源的问题；②可以在 50m 以上的水层设置仪器来观测海流、温度和盐度等要素的变化，解决潜标为避免人为破坏的影响而无法观测 50m 以上水层各个水动力环境要素的问题；③可以通过在浮标上设置发射信号的天线等方法，对观测仪器的观测数据进行实时传输。不过，如果浮标附近无人的话，也会遭遇像类似潜标的人为因素的破坏。因此，如果能将浮标的位置布放在海上石油平台附近最佳，这样既能够阻止整个浮标被拖走等人为破坏，又能够为浮标提供持续性的电源，但是前提是整个位置能够有效地观测到内孤立波现象。

下面给出中国科学院南海海洋研究所利用"实验 3"号科学考察船于 2014 年 8 月布放于东沙群岛东南部海域同步观测内孤立波的温度、盐度和流速的两套潜标的实例。根据以往卫星遥感图片所获得的南海内孤立波的谱签名情况发现，东沙群岛附近是个内孤立波活跃的海区，且内孤立波一般沿着与海底地形等值线垂直的方向在南海东北部传播。因此，此次布放的两个潜标基本成一直线垂直于东沙群岛以东的海底地形等值线由深及浅设置，其中潜标 A 位于 117°44.7′E，20°44.2′N，水深为 1249m；潜标 B 位于 117°33.6′E，20°50.1′N，水深为 849m（图 5.2）。由于电池电量的限制，数据的有效观测时间为 2014 年 8 月 1 日至 2014 年 9 月 4 日。标上采用的观测仪器包括 ADCP、CTD、T 和 CT，其中 ADCP 的采样时间间隔为 2min（因为设置的采样时间间隔短，所以 ADCP 本身携带的电池大致的供电时间也就一个月左右），潜标 A 的深度采样层次为 91 层，上层 800m 的观测间隔为 16m，800～1200m 的观测间隔为 8m，潜标 B 的深度采样间隔为 16m。CTD 和 T 的采样间隔为 10s，CT 的采样间隔为 15s。两套潜标中的仪器设置如表 5.1 中所示。

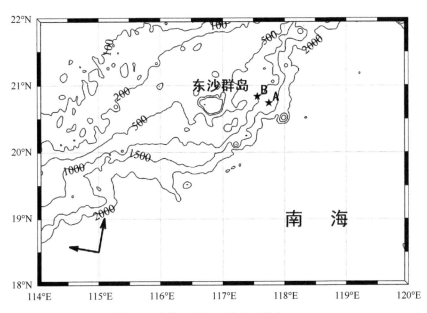

图 5.2　南海东北部底地形（单位：m）

其中★表示潜标 A 和 B 的位置。左下角的小图显示了沿波动方向和垂直波动方向进行速度重新投影的坐标系

表 5.1　两套潜标中的仪器设置

潜标 A		潜标 B	
仪器预设水深/m	仪器	仪器预设水深/m	仪器
51	CTD	51	CTD
60	T	60	T
70	CT	70	CT
80	T	80	T
90	CT	90	CT
100	T	100	T
120	CT	120	CT
140	T	140	T
160	CT	160	CT
180	T	180	T
200	CT	200	CT

续表

潜标 A		潜标 B	
仪器预设水深/m	仪器	仪器预设水深/m	仪器
220	T	220	T
250	CT	250	CT
300	T	300	T
350	CT	350	CT
400	T	400	T
450	75kHz ADCP（向上发射信号）	450	75kHz ADCP（向上发射信号）
450	75kHz ADCP（向下发射信号）	450	75kHz ADCP（向下发射信号）
500	CT	500	CT
550	T	550	T
600	CT	600	T
650	T	650	T
700	CT	700	CTD
750	T	底-2	CT
800	CT	底	T
850	T		
900	CT		
950	150kHz ADCP（向下发射信号）		
1000	T		
1050	CT		
1100	T		
1150	CTD		
海底-2	CT		
海底	T		

　　传统的观测海流的 ADCP 的采样时间间隔为 30min 或者 1h，因此 ADCP 本身携带的电池大致的供电时间可以达到 15～30 个月，但这样的观测数据通常只能提取内潮（而不能提取内孤立波）的信号。这里顺便说一下依据 ADCP 获取的海流数据提取内潮的处理方法，首先将其分解为正压海流部分 $\bar{U}$ 和斜压

海流部分 U' ，计算公式如下：

$$\bar{U} = \frac{1}{H} \int_{-H}^{0} U \mathrm{d}z \qquad (5.1)$$

$$U' = U - \bar{U} \qquad (5.2)$$

其中， $U = (u, v)$ 为流速， H 为水深。由此可以得到各个层次的斜压部分 U' 即为内潮波致流。对于发生内孤立波事件时的波致流，可以将瞬时的、各个层次的观测流速扣除未发生内孤立波事件前得到的正压海流部分 $\bar{U}$ ，用来估算出内孤立波的波致流。

由于早前很多潜标只是针对内潮或者海流的长期变化来进行观测，因此，一个问题是，能否从以往既有的采样时间分辨率低的锚定观测海流数据中提取到内孤立波的最大波致流速？如果可以，那么以往那些大量采样时间分辨率低的锚定历史海流观测数据就可以起到很大的作用。

5.1.3　利用采样时间分辨率低的锚定观测海流数据提取内孤立波的最大波致流速

本节将介绍如何利用现有的采样时间分辨率低的锚定观测海流数据来提取内孤立波的最大波致流速的方法（Cai et al.，2015）。在第 2 章中，根据 KdV 浅水理论方程（2.6）及其解（2.7~2.17），可以得到内孤立波的波致水平流速方程（2.18），假设在时间 t_0 ，在一个时间采样周期 T 内，它的平均流速 $\bar{u}$ （从时间 $t_0 - T/2$ 到 $t_0 + T/2$ ）可以用下列公式近似得到：

$$
\begin{aligned}
\bar{u} &= \frac{1}{T} \int_{t_0 - T/2}^{t_0 + T/2} u \mathrm{d}t = -\frac{\eta_0 V}{T} \frac{\mathrm{d}W}{\mathrm{d}z} \int_{t_0 - T/2}^{t_0 + T/2} \mathrm{sech}^2(\varphi) \mathrm{d}t \\
&= \frac{\eta_0 L}{T} \frac{\mathrm{d}W}{\mathrm{d}z} \int_{\frac{x - V(t_0 - T/2)}{L}}^{\frac{x - V(t_0 + T/2)}{L}} \mathrm{sech}^2(\varphi) \mathrm{d}\varphi \\
&= \frac{\eta_0 L}{T} \frac{\mathrm{d}W}{\mathrm{d}z} \left\{ \tanh\left[\frac{x - V(t_0 + T/2)}{L}\right] - \tanh\left[\frac{x - V(t_0 - T/2)}{L}\right] \right\} \quad (5.3)
\end{aligned}
$$

那么，在观测地点（设 $x = 0$ ），如果同时利用低采样时间分辨率（假设其

采样周期为 T_{L}）的仪器和高采样时间分辨率（假设其采样周期为 T_{H}）的仪器来观测海流数据，前者获得的海流流速为 $\overline{u(x=0,z,t=t_0)\big|_{T=T_{\mathrm{L}}}}$，后者获得的海流流速为 $\overline{u(x=0,z,t=t_0)\big|_{T=T_{\mathrm{H}}}}$，两者的关系为

$$\overline{u(x=0,z,t=t_0)\big|_{T=T_{\mathrm{H}}}}=\overline{u(x=0,z,t=t_0)\big|_{T=T_{\mathrm{L}}}}$$

$$\times\frac{T_{\mathrm{L}}\left\{\tanh[\dfrac{V(t_0-T_{\mathrm{H}}/2)}{L}]-\tanh[\dfrac{V(t_0+T_{\mathrm{H}}/2)}{L}]\right\}}{T_{\mathrm{H}}\left\{\tanh[\dfrac{V(t_0-T_{\mathrm{L}}/2)}{L}]-\tanh[\dfrac{V(t_0+T_{\mathrm{L}}/2)}{L}]\right\}} \qquad (5.4)$$

众所周知，如果观测海流的采样周期 T_{L} 太长（如取 $T_{\mathrm{L}}=600\mathrm{s}$），则仪器记录得到的周期实际平均流速 $\overline{u(x=0,z,t=t_0)\big|_{T=T_{\mathrm{L}}}}$ 就不能准确地反映内孤立波的最大波致流速。但是现在按照公式（5.4）就可以利用这个低采样时间分辨率获得的平均流速 $\overline{u(x=0,z,t=t_0)\big|_{T=T_{\mathrm{L}}}}$ 来较好地估算出内孤立波的最大波致流速，譬如，可以估算出采样周期 $T_{\mathrm{H}}=1\mathrm{s}$ 所对应的内孤立波的最大波致流速 $\overline{u(x=0,z,t=t_0)\big|_{T=T_{\mathrm{H}}}}$。进一步地，还可以得到高采样时间分辨率对应的内孤立波最大波致流速和低采样时间分辨率对应的内孤立波最大波致流速的相对差 R_{R}，即

$$R_{\mathrm{R}}=\frac{\overline{u(x=0,z,t=t_0)\big|_{T=T_{\mathrm{H}}}}-\overline{u(x=0,z,t=t_0)\big|_{T=T_{\mathrm{L}}}}}{\overline{u(x=0,z,t=t_0)\big|_{T=T_{\mathrm{L}}}}}$$

$$=\frac{T_{\mathrm{L}}\left\{\tanh\left[\dfrac{V(t_0-T_{\mathrm{H}}/2)}{L}\right]-\tanh\left[\dfrac{V(t_0+T_{\mathrm{H}}/2)}{L}\right]\right\}}{T_{\mathrm{H}}\left\{\tanh\left[\dfrac{V(t_0-T_{\mathrm{L}}/2)}{L}\right]-\tanh\left[\dfrac{V(t_0+T_{\mathrm{L}}/2)}{L}\right]\right\}}-1 \qquad (5.5)$$

下面我们依据公式（5.4、5.5）给出一些计算的实例。上文提及 1998 年 6 月 14 日"实验 3"号科学考察船锚定在东沙群岛南部海域附近的大陆坡处参与南海季风试验的海上观测时曾采用 30s 的采样分辨率来观测内孤立波传播经过该点时的流速时间序列 $u_0(t)$，因此，首先，我们可以利用该实测的流速时间序列，按照每隔 60s、180s、300s 和 600s 进行时间平均的方法分别重构出 4 个采用不同时间周期的流速时间序列 $u_{\mathrm{m}}(t)$；其次，根据这 4 个重构出来的采用不

同时间周期（即对应着 60s、180s、300s 和 600s 的较低采样时间分辨率）的流速时间序列 $u_m(t)$，利用公式（5.4）分别来反演其在 30s 的较高采样时间分辨率条件下所得到的内孤立波波致水平流速 $u_R(t)$；之后，通过将由公式反演得到的内孤立波波致水平流速 $u_R(t)$ 与同样具有 30s 采样时间分辨率的原始记录得到的实测流速 $u_0(t)$ 做比较，就可以评估这一反演公式的可行性；再者，如果这一反演公式的误差在允许范围内，我们将在 5 月 17 日、19 日、24 日和 6 月 11 日利用 180s 的较低采样时间分辨率记录得到的内孤立波流速时间序列 $u_0(t)$ 和在 6 月 14 日利用 30s 的较高采样时间分辨率来观测内孤立波流速时间序列 $u_0(t)$ 进行反演得出利用 1s 的高采样时间分辨率所得到的内孤立波波致水平流速 $u_R(t)$；最后，我们还利用公式（5.5）讨论了这一反演方法得到的内孤立波最大波致水平流速的误差与内孤立波的非线性相速度 V 和特征半倍波宽 L 两者的变化关系。

在第 2 章中，我们已经根据实测资料计算得到 1998 年 6 月 14 日发生内孤立波事件时的第一模态线性相速度 $c = 135.5 \text{cm/s}$、非线性相速度 $V = 172.6 \text{cm/s}$、最大波致水平流速 $U_{0\text{-max}} = 209.7 \text{cm/s}$ 出现在水深 $z_{\max} = 58\text{m}$ 处、振幅 $\eta_0 = -92.8\text{m}$、特征半倍波宽 $L = 372\text{m}$。

图 5.3 给出了采用重构的具有较低采样时间分辨率（分别为 60s、180s、300s 和 600s）的流速时间序列 $u_m(t)$，依据公式（5.4）反演得到的具有较高采样时间分辨率 $T_H = 30\text{s}$、在水深 $z_{\max} = 58\text{m}$ 处的内孤立波波致水平流速 $u_R(t)$ 与原始记录（即采样时间分辨率为 30s）得到的流速时间序列 $u_0(t)$，重构的流速时间序列 $u_m(t)$ 三者的比较。当 $T_L = 60\text{s}$ 时（图 5.3a），可见重构的流速时间序列 $u_m(t)$ 和反演得到的流速时间序列 $u_R(t)$ 的曲线几乎重叠，尽管它们每一条曲线和原始记录流速时间序列 $u_0(t)$ 曲线吻合得很好，但仍然可以看到前两者与后者有细微的差距。随着 T_L 逐渐增大（图 5.3b～d），重构的流速时间序列 $u_m(t)$ 的时间采用频率变小，反演得到的流速时间序列 $u_R(t)$ 比重构的流速时间序列 $u_m(t)$ 更加接近原始记录流速时间序列 $u_0(t)$，而重构的流速时间序列 $u_m(t)$ 与原始记录流速时间序列 $u_0(t)$ 的差别变大。

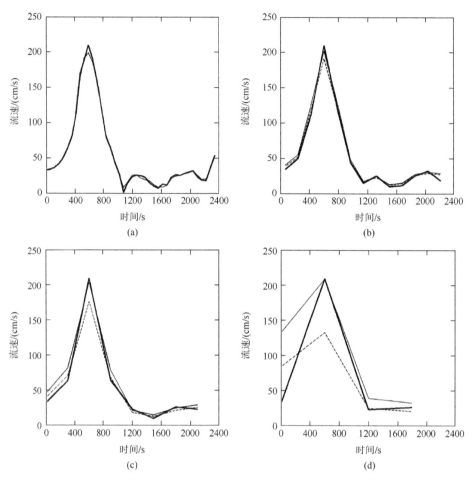

图 5.3　采用重构的具有较低采样时间分辨率（分别为 60s、180s、300s、和 600s）的流速时间序列 $u_m(t)$，依据公式（5.4）反演得到的具有较高采样时间分辨率 $T_H = 30s$、在水深 $z_{max} = 58m$ 处的内孤立波波致水平流速 $u_R(t)$ 与原始记录得到的流速时间序列 $u_0(t)$，重构的流速时间序列 $u_m(t)$ 三者的比较

这里 $u_R(t)$ 用细实线表示，$u_m(t)$ 用虚线表示而 $u_0(t)$ 用粗实线表示。其中图（a）采用 $T_L = 60s$ 的流速时间序列 $u_m(t)$ 来反演 $u_R(t)$，（b）采用 $T_L = 180s$ 的流速时间序列 $u_m(t)$ 来反演 $u_R(t)$，（c）采用 $T_L = 300s$ 的流速时间序列 $u_m(t)$ 来反演 $u_R(t)$，（d）采用 $T_L = 600s$ 的流速时间序列 $u_m(t)$ 来反演 $u_R(t)$

　　表 5.2 总结了反演得到的内孤立波最大波致水平流速 $U_{R\text{-}max}$ 与重构序列的最大波致水平流速 $U_{m\text{-}max}$ 及原始记录得到的最大波致水平流速 $U_{0\text{-}max}$ 之间的误差，譬如，当 T_L 为 60s 时，重构序列的内孤立波最大波致水平流速 $U_{m\text{-}max}$ 为 198.0cm/s，而反演得到的内孤立波最大波致水平流速 $U_{R\text{-}max}$ 为 199.0cm/s，于是可以得到重构

序列的最大波致水平流速与原始记录得到的最大波致水平流速的相对误差为 $R_m = (U_{m\text{-max}} - U_{0\text{-max}})/U_{0\text{-max}} = -5.58\%$，而反演得到的最大波致水平流速与原始记录得到的最大波致水平流速的误差为 $R_R = (U_{R\text{-max}} - U_{0\text{-max}})/U_{0\text{-max}} = -5.10\%$；当 T_L 为 600s 时，重构序列的内孤立波最大波致水平流速仅为 133.0cm/s，而反演得到的最大波致水平流速 $U_{R\text{-max}}$ 为 209.1cm/s（这个数值与实测的流速 209.7cm/s 非常接近，重构序列的最大波致水平流速与原始记录得到的最大波致水平流速的相对误差 R_m 为 -36.58%，而反演得到的内孤立波最大波致水平流速与原始记录得到的最大波致水平流速的误差 R_R 仅为 -0.29%。这表明，若观测流速时的采样时间较低（这一情形对应于重构的流速时间序列具有较低的采样时间分辨率），则观测得到的最大波致水平流速会大大低于真实的最大波致水平流速；但是采用上述公式（5.4）的方法，可以很好地利用具有较低的采样时间分辨率的观测流速时间序列来反演出内孤立波最大波致水平流速。

表 5.2 反演得到的内孤立波最大波致水平流速 $U_{R\text{-max}}$ 与重构序列的最大波致水平流速 $U_{m\text{-max}}$ 及原始记录得到的最大波致水平流速 $U_{0\text{-max}}$ 之间的误差

采样时间分辨率/s	重构的具有较低采样时间分辨率的流速时间序列的最大波致水平流速 $U_{m\text{-max}}$/(cm/s)	反演得到的内孤立波最大波致水平流速 $U_{R\text{-max}}$/(cm/s)	重构序列的最大波致水平流速与原始记录的最大波致水平流速的误差 $R_m = (U_{m\text{-max}} - U_{0\text{-max}})/U_{0\text{-max}} \times 100\%$	反演得到的最大波致水平流速与原始记录的最大波致水平流速的误差 $R_R = (U_{R\text{-max}} - U_{0\text{-max}})/U_{0\text{-max}} \times 100\%$
60	198.0	199.0	−5.58	−5.10
180	191.1	201.8	−8.87	−3.77
300	176.5	203.8	−15.83	−2.81
600	133.0	209.1	−36.58	−0.29

注：$U_{0\text{-max}}$ 是指 1998 年 6 月 14 日位于 58m 处观测得到的最大波致水平流速 209.7cm/s。

图 5.4 给出了南海季风试验期间 4 个发生的内孤立波事件中反演得到的具有高分辨率（$T_H = 1s$）时的内孤立波最大波致水平流速 $u_R(t)$ 与原始观测得到的流速时间序列 $u_0(t)$ 的比较。这里没有给出采用 $T_L = 30s$ 的流速时间序列来反演 1998 年 6 月 14 日内孤立波事件中水深 $z_{max} = 58m$ 处的内孤立波最大波致水平流速与原始观测得到的流速两者的比较，因为两者的曲线几乎重叠。从

图中可见，反演得到的内孤立波最大波致水平流速 $U_{R\text{-max}}$ 总是大于原始观测得到的最大波致水平流速 $U_{0\text{-max}}$。

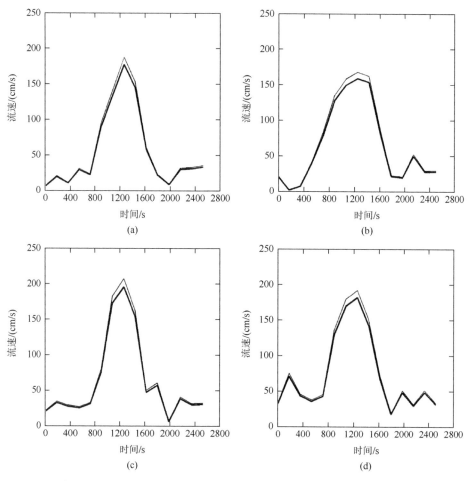

图 5.4　反演得到的具有高采样时间分辨率 $T_H = 1s$ 时的内孤立波最大波致水平流速 $u_R(t)$ 与原始观测得到的流速时间序列 $u_0(t)$ 的比较

这里 $u_R(t)$ 用细实线表示而 $u_0(t)$ 用粗实线表示。其中图（a）采用 $T_L = 180s$ 的流速时间序列来反演 1998 年 5 月 17 日内孤立波事件中水深 $z_{max} = 54m$ 处的内孤立波最大波致水平流速，（b）采用 $T_L = 180s$ 的流速时间序列来反演 1998 年 5 月 19 日内孤立波事件中水深 $z_{max} = 42m$ 处的内孤立波最大波致水平流速，（c）采用 $T_L = 180s$ 的流速时间序列来反演 1998 年 5 月 24 日内孤立波事件中水深 $z_{max} = 74m$ 处的内孤立波最大波致水平流速，（d）采用 $T_L = 180s$ 的流速时间序列来反演 1998 年 6 月 11 日内孤立波事件中水深 $z_{max} = 26m$ 处的内孤立波最大波致水平流速

　　表 5.3 给出了季风试验期间 5 个发生的内孤立波事件中反演得到的内孤立波最大波致水平流速 $U_{\text{R-max}}$ 及其与原始观测得到的最大波致水平流速 $U_{\text{0-max}}$ 之间的差异。例如，采用 $T_{\text{L}} = 180\text{s}$ 的流速时间序列来反演 1998 年 5 月 17 日内孤立波事件中水深 $z_{\max} = 54\text{m}$ 处的内孤立波最大波致水平流速 $U_{\text{R-max}}$，得到 $U_{\text{R-max}}$ 为 188.3cm/s，这比原始观测（即采样时间分辨率为 180s）得到的最大波致水平流速 $U_{\text{0-max}}$（178.1cm/s）要大，而两者的差异为 5.73%；类似地，采用 $T_{\text{L}} = 180\text{s}$ 的流速时间序列来反演 1998 年 5 月 19 日内孤立波事件中水深 $z_{\max} = 42\text{m}$ 处的内孤立波最大波致水平流速 $U_{\text{R-max}}$，得到 $U_{\text{R-max}}$ 为 168.9cm/s，同样比原始观测（即采样时间分辨率为 180s）得到的最大波致水平流速 $U_{\text{0-max}}$（159.7cm/s）要大，而两者的差异为 5.76%；采用 $T_{\text{L}} = 30\text{s}$ 的流速时间序列来反演 1998 年 6 月 14 日内孤立波事件中水深 $z_{\max} = 58\text{m}$ 处的内孤立波最大波致水平流速 $U_{\text{R-max}}$，得到 $U_{\text{R-max}}$ 为 210.0cm/s，也是比原始观测（即采样时间分辨率为 30s）得到的最大波致水平流速 $U_{\text{0-max}}$（209.7cm/s）要大，而两者的差异仅为 0.14%。这表明，当观测海流的采样时间分辨率较低时，反演得到的内孤立波最大波致水平流速与原始观测得到的最大波致水平流速之间的差异就较大，反之，若观测海流的采样时间分辨率较高时，反演得到的内孤立波最大波致水平流速与原始观测得到的最大波致水平流速之间的差异就较小。虽然表 5.2 表明，当采用 $T_{\text{L}} = 600\text{s}$ 时反演得到的内孤立波最大波致水平流速与原始观测得到的最大波致水平流速之间的差异很小，仅为–0.29%；但是，从图 5.3d 可见，此时反演得到的流速时间序列 $u_{\text{R}}(t)$ 整体来看与原始观测得到的流速时间序列 $u_{0}(t)$ 差距较大，特别是在出现最大水平流速之前（即内孤立波前锋到达前）两者的差异更大。因此，如果考虑 ADCP 本身电池电量有限，而且仅关心内孤立波最大波致水平流速，采用 $T_{\text{L}} = 600\text{s}$ 的采样时间分辨率仍然勉强可行；而如果要获得发生内孤立波事件时较精确的水平流速，采用 $T_{\text{L}} = 30\text{s}$ 的采样时间分辨率来进行海流观测是完全可以满足精度要求的。

表 5.3　季风试验期间 5 个发生的内孤立波事件中反演得到的内孤立波最大波致水平流速
$U_{R\text{-}max}$ 及其与原始观测得到的最大波致水平流速 $U_{0\text{-}max}$ 之间的差异

原始观测得到的最大波致水平流速 $U_{0\text{-}max}$/(cm/s)	原始观测最大波致水平流速所在的水深/m	1998 年季风试验期间发生内孤立波事件的出现时间	原始观测的采样时间分辨率/s	反演得到的内孤立波最大波致水平流速 $U_{R\text{-}max}$/(cm/s)	反演与原始观测得到的最大波致水平流速之间的差异 $R_R = (U_{R\text{-}max} - U_{0\text{-}max})/U_{0\text{-}max} \times 100\%$
178.1	54	5 月 17 日 14:22	180	188.3	5.73
159.7	42	5 月 19 日 16:07	180	168.9	5.76
195.6	74	5 月 24 日 22:28	180	206.8	5.73
182.1	26	6 月 11 日 09:04	180	192.6	5.77
209.7	58	6 月 14 日 10:53	30	210.0	0.14

　　根据公式（5.5）可以看到，反演水平流速的相对误差 R_R 还与内孤立波的非线性相速度 V 以及特征半倍波宽 L 有关。根据月平均气候态资料计算得到的南海内孤立波一些关键参数的变化结果来看（Cai et al.，2014），南海内孤立波非线性相速度的变化范围为 75～300cm/s，而其特征半倍波宽的变化范围为 200～4000m。假设高采样时间分辨率 $T_H = 1s$，而对于较低的采样时间分辨率 T_L 的变化范围为 10～600s，则我们可以根据公式估算出采用较低时间采样分辨率的流速时间序列进而反演得到的水平流速的相对误差 R_R 与内孤立波非线性相速度 V 和特征半倍波宽 L 之间的变化关系。图 5.5a 给出了相对误差 R_R 与内孤立波非线性相速度 V 的变化关系，可见，当内孤立波非线性相速度 V 增大或者采样时间分辨率降低（也即 T_L 增大）时，相对误差 R_R 随之增大；类似地，图 5.5b 给出了相对误差 R_R 与特征半倍波宽 L 之间的变化关系，可见，当内孤立波特征半倍波宽 L 或者采样时间分辨率降低时，相对误差 R_R 随之增大。反之亦然。

　　值得注意的是，上述这个反演方法仅对适用于 KdV 浅水理论的内孤立波有效，而对于适用于有限深度理论的内孤立波，可以推导出 KdV 浅水理论的内孤立波的最大波致水平流速与有限深度理论的内孤立波的最大波致水平流

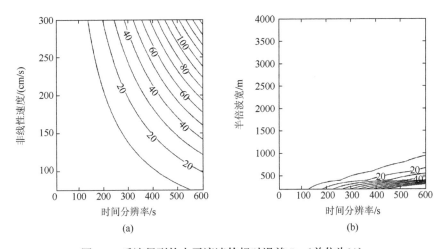

图 5.5 反演得到的水平流速的相对误差 R_R（单位为%）

（a）内孤立波非线性相速度 V（对应着特征半倍波宽为 $L = 372\text{m}$）；（b）特征半倍波宽 L（对应着非线性相速度 $V = 172.6\text{cm/s}$）

速两者之比 $R = 1 + \alpha\eta_0 / 3c$（Cai et al.，2014），即与波动的振幅、非线性参数及相速度三者有关。因此，我们也可以根据上述公式反演得到的结果乘以比值 R，从而估算出适用于有限深度理论的内孤立波的最大波致水平流速。

5.2 南海内孤立波的风险防范措施

众所周知，内孤立波从吕宋海峡往南海东北部传播的过程中导致局地海水强烈辐聚和产生突发性的强流以及水质点压力的巨大变化，因而对在南海东北部的海底矿藏开采、石油钻井平台乃至舰船的航行等都会造成严重的威胁。因此，如何规避这些内孤立波活动，需要对其活动的时空演变规律有很好的认识。

（1）首先是要掌握内孤立波在吕宋海峡到南海北部之间的地理分布规律。

由于现场的实测资料非常有限，图 1.3 给出了根据遥感图片统计得到的吕宋海峡至东沙群岛间的内孤立波分布。总体上而言，内孤立波主要活跃于东沙群岛至吕宋海峡之间的南海东北部海区，而在 114°E 以西的南海西北部海区，内孤立波活动比较稀少且强度也大大减弱；至于南海的其他海区，只有零星的关于内孤立波活动的报道，例如，位于越南中部约 13°N 沿岸附近海区，这些内孤立波有些是向岸传播的、有些是离岸传播的，其源地似乎介于我国海南岛至越南中部之间的陆架区沿岸；位于越南南部湄公河口的锋面附近；以及位于越南东南部远海的陆架区（Jackson，2007）。如果非要将东沙群岛至吕宋海峡之间的南海东北部海区与 114°E 以西的南海西北部海区两个海域的内孤立波特征做比较，则两者的差异性可以归纳为：

①在东沙群岛至吕宋海峡之间的内孤立波主要在吕宋海峡附近由于潮-地相互作用生成，并向南海东北部传播而来，该海域所观测到的内孤立波强度较大，以下凹型为主，其波致水平流速在 1.5～2.9m/s，波的振幅为 60～260m，波长为 1～6km，其传播方向 282°～345°；

②在 114°E 以西的南海西北部附近海域的内孤立波主要出现在两个区域：一是海南岛以东海域；二是海南岛以南、北部湾口附近海区。对于海南岛以东海域的、向西北方向传播的内孤立波目前已有一些研究，主要可能是由局地潮-地相互作用而产生的（Xu et al.，2010）；而对于北部湾口附近海区从卫星遥感图片所观测到的沿着东南方向（即深海方向）传播的内孤立波，其波峰线延伸超过 240km，观测到的内孤立波的传播方向既不与潮流主轴平行也不与等深线平行。这可能是局地潮流越过在这个形状向海凹陷的大陆坡地形上时生成的内潮，在传播的过程中形状向海凹陷的大陆坡有利于内潮能量的聚集而使得内潮不断获得能量，并逐步增强，最终由于非线性作用导致生成的内潮波波谷变陡、裂变并逐渐演变成内孤立波波列（Xu et al.，2016）。这个海域所观测到的内孤立波强度较小，其波致流速最大接近 1m/s，其振幅也较小，约为 40m，其传播方向 270°～300°，波长 1.2～1.6km，相邻两个波包相距约 10km，有时还可观测到内孤立波改变极性的现象，即在内孤立波从深水处的下凹型传播至南海北部陆架坡折区时向浅水处的上凸型转换的现象。

从 Wang 等（2012）多年遥感图片统计得到的南海内孤立波分布图来看，似乎南海北部和西部边界布满内孤立波，但在南海北部和西部边界的近岸海区，由于水深变浅，水体层结程度大为减弱，因此实际上这些区域的内孤立波出现频率、强度应该远没有图中所示的那样剧烈。

根据上述内孤立波在吕宋海峡到南海北部之间的地理分布规律,我们可以在海底矿藏开采、海底光缆的铺设、石油钻井平台乃至潜艇的军事活动中,尽量规避这些内孤立波活动频繁的海域。

(2)其次是要掌握内孤立波的运动学和动力学特征及其在垂直方向上的分布规律。

从物理本质上讲,内孤立波之所以能够在传播过程中基本保持波动形态不变,主要原因是这种波动中存在的非线性的会聚作用与频散(或叫色散)作用达成了某种平衡。这可从 KdV 浅水理论方程(2.6)中看出(即方程左边第三项非线性项、第四项频散项的平衡)。因此,衡量非线性强度的非线性参数 α(见方程 2.7 或方程 2.10)和频散参数 β(见方程 2.8 或方程 2.11)是内孤立波的两个关键参数,这些特征环境参数通过内波垂向结构特征函数来体现浮力、流速、流速切变和水深的效应。α 对于水体的层结程度的变化非常敏感,而 β 则对于水体层结程度的依赖性较弱。在《内孤立波数值模式及其在南海区域的应用》(蔡树群等,2015)一书中已经详细给出了如何根据线性化海洋内波垂向结构方程来求解内波的特征值(即内波的线性相速度)及其特征函数(即内波的振幅随水深的分布),以及随后如何计算相应的非线性参数 α、频散参数 β、波的半倍波宽、非线性相速度、波致垂向和水平流速等参数,并给出了 2 月和 6 月南海的非线性参数 α 的空间分布。除了内波的线性相速度和非线性参数 α 外,由于基于 KdV 浅水理论方程与基于有限深度理论来估算内孤立波的特征参数结果有差异,并且一些参数的计算还取决于内孤立波的振幅大小,而往往内孤立波的振幅只能根据实测资料的结果,因此,下文仅给出根据 $1° \times 1°$ 网格的标准层温、盐度月平均气候态资料来计算得到整个南海全年各月平均斜压第一模态内波的线性相速度、非线性参数 α 和频散参数 β 的空间分布(图 5.6～5.8,这里仅给出水深大于 75m 处的值)。

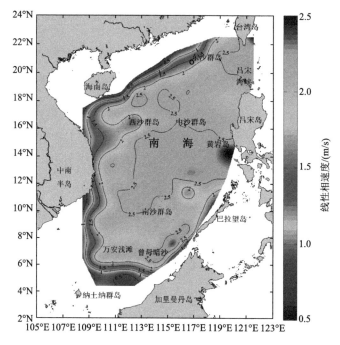

(a) 南海1月内波线性相速度

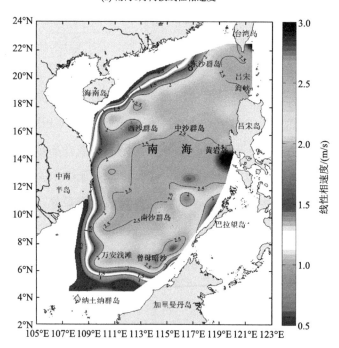

(b) 南海2月内波线性相速度

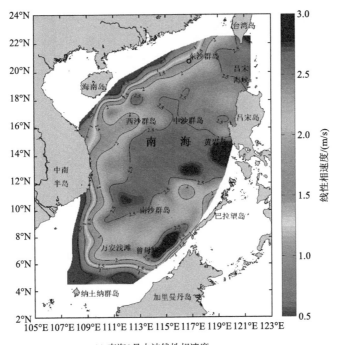

(c) 南海3月内波线性相速度

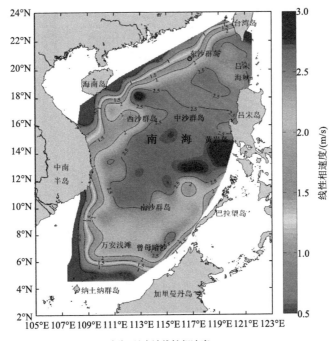

(d) 南海4月内波线性相速度

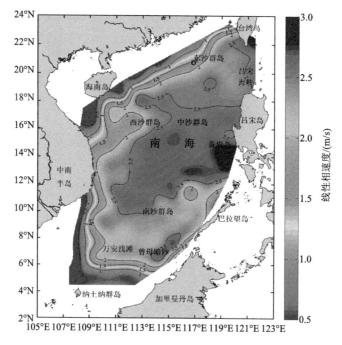

(e) 南海5月内波线性相速度

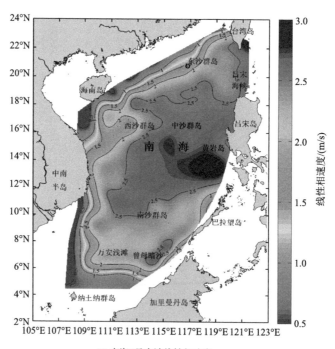

(f) 南海6月内波线性相速度

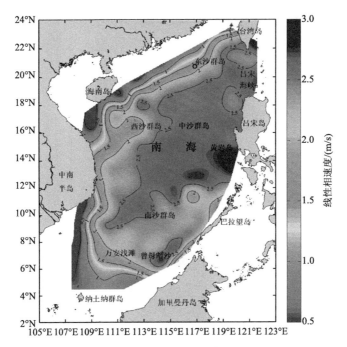

(g) 南海7月内波线性相速度

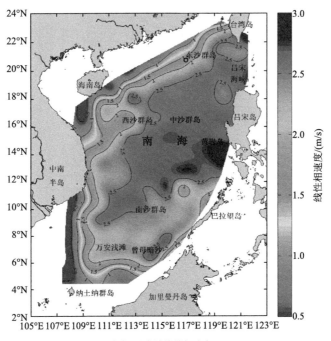

(h) 南海8月内波线性相速度

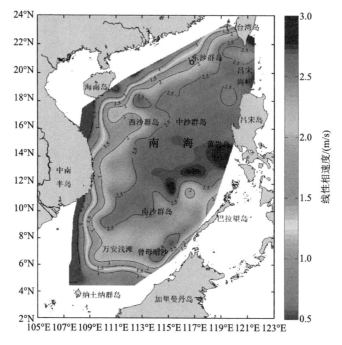

(i) 南海9月内波线性相速度

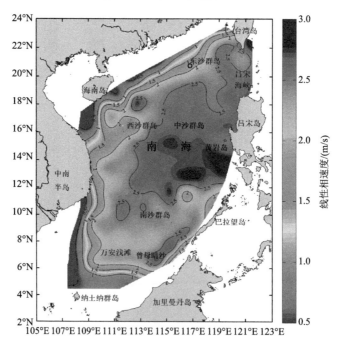

(j) 南海10月内波线性相速度

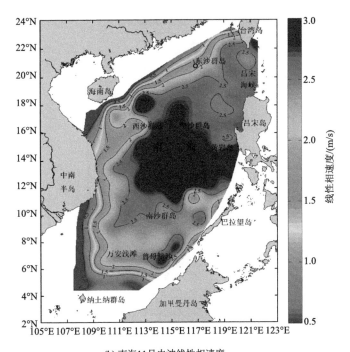

(k) 南海11月内波线性相速度

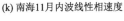

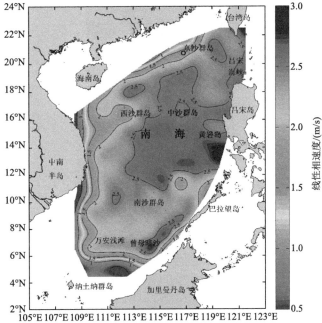

(l) 南海12月内波线性相速度

图 5.6　南海 1～12 月内波线性相速度

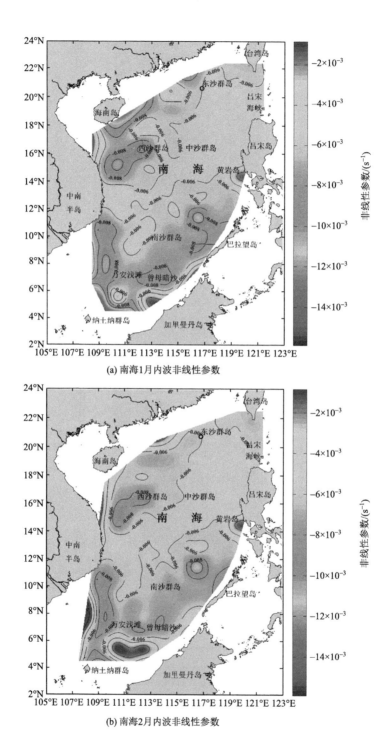

(a) 南海1月内波非线性参数

(b) 南海2月内波非线性参数

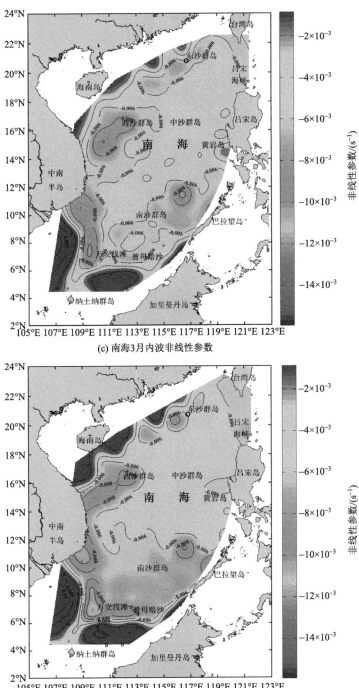

(c) 南海3月内波非线性参数

(d) 南海4月内波非线性参数

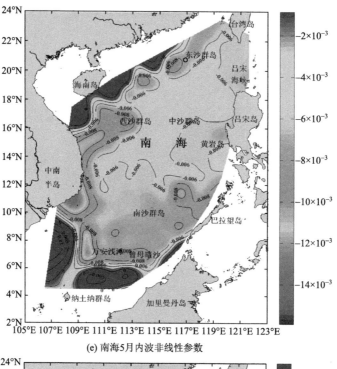

(e) 南海5月内波非线性参数

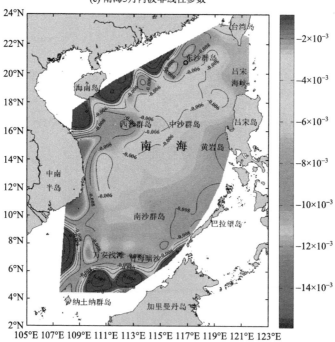

(f) 南海6月内波非线性参数

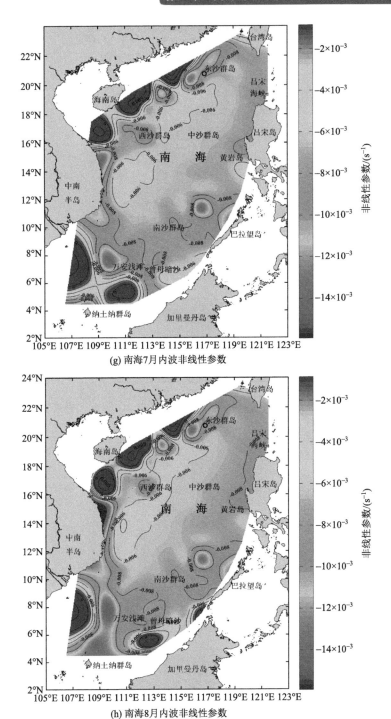

(g) 南海7月内波非线性参数

(h) 南海8月内波非线性参数

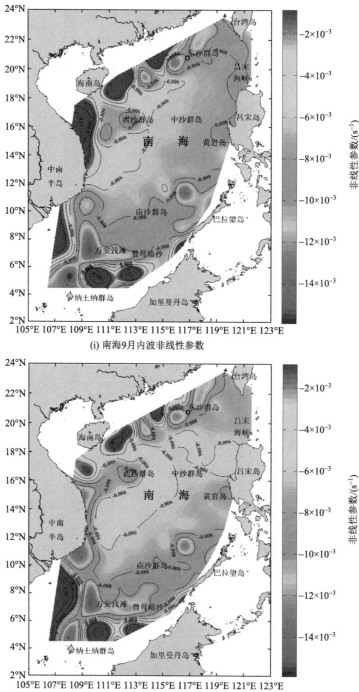

(i) 南海9月内波非线性参数

(j) 南海10月内波非线性参数

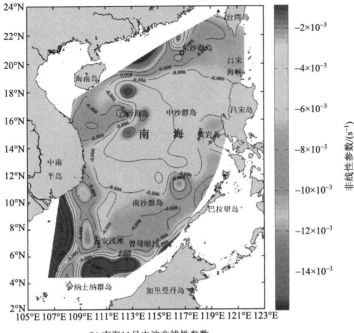

(k) 南海11月内波非线性参数

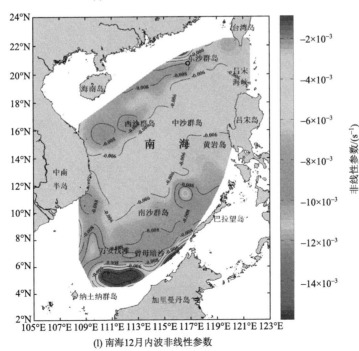

(l) 南海12月内波非线性参数

图 5.7 南海 1～12 月内波非线性参数

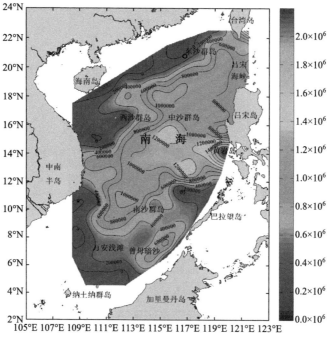

(a) 南海1月内波频散参数

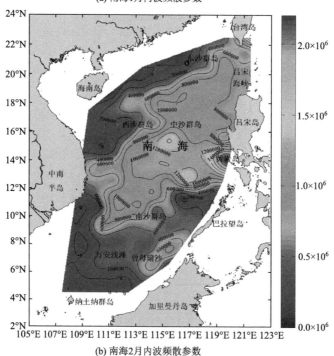

(b) 南海2月内波频散参数

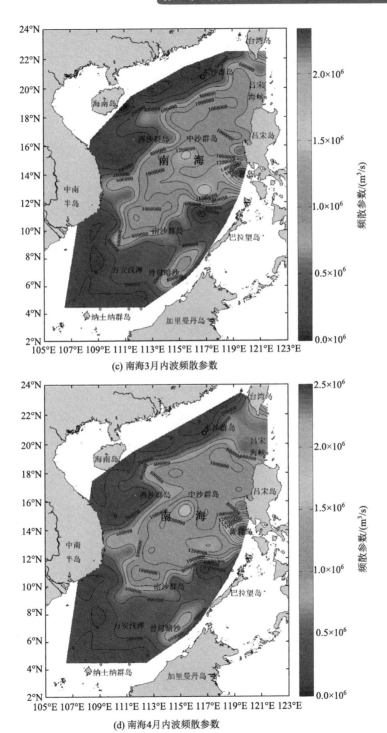

(c) 南海3月内波频散参数

(d) 南海4月内波频散参数

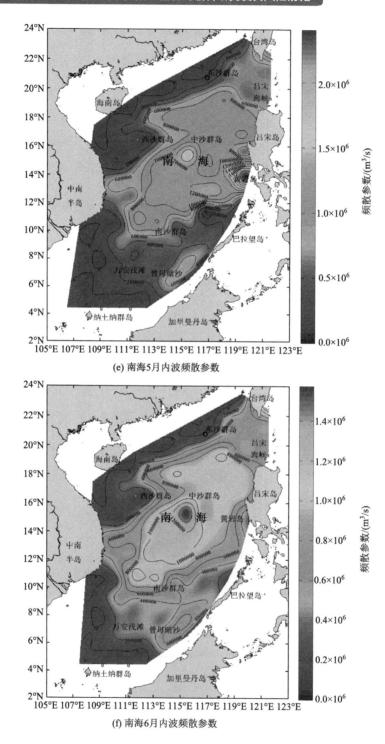

(e) 南海5月内波频散参数

(f) 南海6月内波频散参数

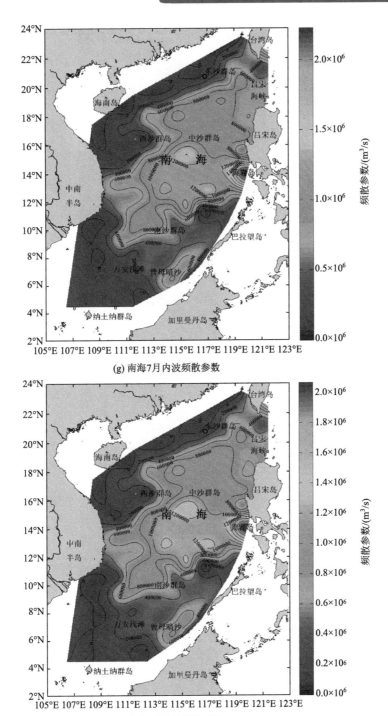

(g) 南海7月内波频散参数

(h) 南海8月内波频散参数

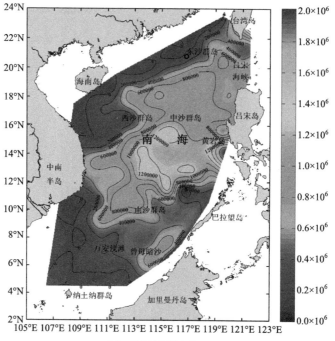

(i) 南海9月内波频散参数

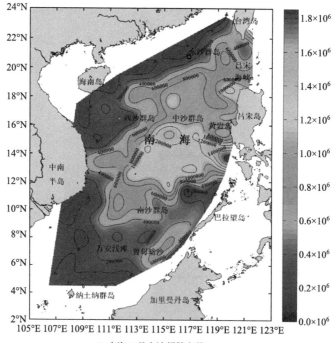

(j) 南海10月内波频散参数

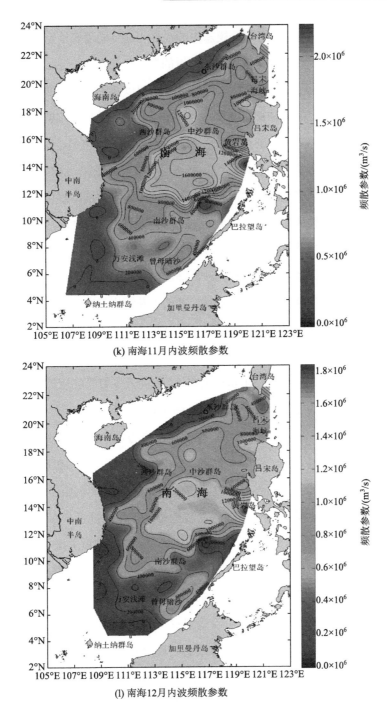

(k) 南海11月内波频散参数

(l) 南海12月内波频散参数

图 5.8　南海 1~12 月内波频散参数

从图 5.6 可见，南海斜压第一模态内波线性相速度随着底地形的深度变化明显。一般而言，在中央海盆和吕宋海峡附近的深水区，内波线性相速度达到最大值（超过 3.0m/s），然后它逐渐往周边陆坡、陆架以及近岸浅海递减，而在南海南部、西边界和北部的大陆架、陆坡附近，由于此处底地形变化剧烈，因而这里的相速度也变化剧烈、相应的内波线性相速度等值线分布密集、变化率最大。当然由于南海季风的影响导致水体层结程度出现季节性的变化，这对内波线性相速度也产生一定程度的影响；总体而言，在夏秋季由于水体层结程度较强，则内波线性相速度也相对较大，而冬春季则相对较小。从图 5.7 可见，南海各月斜压第一模态内波非线性参数 α 整体呈现为负值，且其最大负值约为 -0.014s^{-1}。极大值的位置一般出现在巴拉望岛西北、西沙群岛西南、万安浅滩西北及中南半岛附近等海域，然后其绝对值逐渐往周边陆坡、陆架以及近岸浅海递减；在深海区，α 约为 -0.006s^{-1} 且变化较小。在南海周边靠近大陆架的一些海区，由于水深变浅，可能出现 α 从负值变为正值的现象。可见，内波非线性参数的影响因素更为复杂，它除了对水体的层结程度的变化非常敏感外，可能还受背景环境的流场和水深的影响。至于频散参数 β 其量值一般较大（图 5.8），在此不再赘述。

除此之外，我们还必须了解内孤立波在垂直方向上的分布规律，譬如说，内孤立波的振幅随着水深的垂向变化特征。图 5.9 给出了（对应于图 2.4 所示的南海北部东沙群岛观测点的浮力频率随水深的分布）求解得到的前 3 个斜压模态内波对应的特征函数，即无量纲的内波振幅随水深的垂直分布（Cai et al.，2008a）。譬如对于斜压第一模态（对应于下凹型）内波，其最大振幅发生在 170m 处，在这个深度往上或往下内波的振幅都迅速减小；斜压第二模态（对应于上、下同时往中间凹入或凸出的波型）内波的最大振幅分别发生在约 70m 和 300m 处；等等。从这个内波的线性解可以近似看出内孤立波的振幅随着水深的垂向变化特征。由于斜压第一模态内波的振幅一般较大，相应的波致流速也较快，因此我们这里只讨论斜压第一模态内波的情况。从观测点的浮力频率随水深的分布来看，其温跃层深度大致在 58m 处，线性内波的最大振幅发生在 170m 处，而实际现场观测得到的内孤立波最大振幅则发生在 58m 处。结合其他一些现场观测的内孤立波实例分析和数值模式的模拟结果（蔡树群等，2015）可以发现：内孤立波最大振幅一般发生在温跃层深度附近至温跃层深度以下几十米的位置，在这个深度往上或往下内孤立波的振幅和流速都迅速减小。

由于南海的季节性水体层结程度变化明显，因此，温跃层的深度一般在 50～300m 变化。

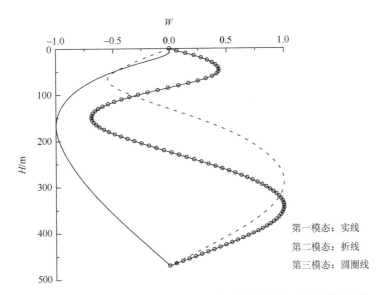

图 5.9　前 3 个斜压模态内波归一化后的无量纲振幅 W 随水深的分布

这里结合一个实例来进行分析。2014 年初，一潜艇在南海吕宋海峡附近受命执行紧急拉动和战备远航任务，其间突遇"水下断崖"，潜艇遭遇 3min 生死经历，急速下沉，在大幅掉深约 70m 的过程中，主机舱海水冷却管路突然断裂进水。3min 后，潜艇深度计指针的转速慢了下来，渐渐停住了。转眼间，深度计指针开始快速上浮回升，潜艇从深海向海面急速冲去……在生死存亡的关键时刻，艇上官兵临危不惧、处变不惊，敢于担当，成功处置了这一重大突发险情，并克服重重困难圆满完成战备远航任务，经受住了严峻考验。实际上，该潜艇遭遇的所谓"海中断崖"是由一个中等强度的内孤立波引起的。事实上，在南海吕宋海峡至东沙群岛之间的深水区的水下 50～300m

（即温跃层所在的深度）处常年存在着如图 5.10 所示的，自东往西传播的下凹型内孤立波，而按照媒体的描述明显可以大致估算出，该潜艇遭遇了一个强的、典型的自西往东传播的下凹型内孤立波（即第一模态内孤立波），且该波动经过潜艇的时间约为 6min。图中显示了一些关键的内孤立波的运动学和动力学特征参数，其中包括波的半倍波宽、振幅、非线性相速度、波致垂向和水平流速等。

　　通常情况下，该潜艇在水下 50～300m 深处正常航行时，自身重力和浮力是平衡的；但是潜艇一旦遭遇内孤立波的袭击，这种平衡就被打破：当波前锋（波动大约从点 A 传播至点 B 这一阶段）到达潜艇所在位置时，波前锋传播引起的垂向速度（图 5.10）将迫使潜艇急速下沉，在波前锋的传播约 3min 内，波动引起的下沉垂向速度是逐渐减弱并减小为 0，之后波后锋（波动大约从点 B 传播至点 C 这一阶段）的传播引起的垂向速度是逆转方向向上的，并在接下来的约 3min 内其引起的向上垂向速度是逐渐加快的。因此，即使潜艇不动，波后锋的传播将促使潜艇快速上浮回升，潜艇从深海向海面急速冲去上浮。因此，这里有几点建议供参考：①据报道，潜艇指挥员在潜艇急速下沉期间采取积极措施，但仍不能控制下沉趋势，这显然是由于潜艇动力无法抗拒波动引起的下沉威力，而合理的规避措施应该是潜艇逆着波动的来向做水平航行（内孤立波的最大水平传播相速度最大约 3.5m/s，如果潜艇的航速远大于此速度，也可以考虑顺着波动的来向快速逃离，但这样的话这个内孤立波就总是在后面追赶着）、以避开波动传播引起的下沉中心区，从而间接减小下沉速度，以避免潜艇超过工作深度（因水压过大）而沉没。另外一点提醒是，在该海区出现的内孤立波总是从吕宋海峡往西北方向传播而来的。②内孤立波传播时在海水温跃层深度附近的水体下沉深度最大、下沉速度最快，因此，潜艇在执行任务时应尽量避免在温跃层所在的深度及其下方航行。一般来说，南海吕宋海峡至东沙群岛之间海区的温跃层深度一般存在季节性变化，约在 50～300m，其中夏季温跃层最浅约为 50m、冬季温跃层最深约为 300m，而春秋季节的温跃层深度则介于上述两者之间。因此，潜艇在该区域游弋时，最好视季节变化情况，将航行深度设置在温跃层上方 20m 或更上方。③吕宋海峡附近海区是内孤立波产生的源地，因此当吕宋海峡潮汛为大潮时，其产生的内孤立波较多且强度也大，其产生的周期一般对应于半日或全日潮流（下面还会就这个问题做详细的分析）。

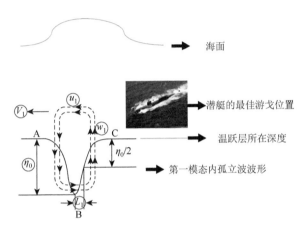

图 5.10　一个典型的自东往西传播的下凹型内孤立波

其中 L_1 为波的半倍波宽，η_0 为波的振幅——目前在南海已经观测到其最大振幅可超过 260m，V_1 为波动传播的非线性相速度——其最大可超过 3.5m/s，w_1 和 u_1 为波传播引起的垂向和水平流速；注意前者流速往往可达 0.5m/s 以上、而后者流速可达 2m/s 以上

综上所述，在内孤立波经常出没的海区，潜艇的最佳游弋位置是处于温跃层之上，以避免遭遇内孤立波袭击时前半个周期被压入深海而沉没，后半个周期被抬升到海面被敌人发现。

（3）最后是要掌握内孤立波的生成源地及影响内孤立波生成和传播演变的关键要素。

毫无疑问，南海东北部所出现的内孤立波大部分都是由于西太平洋传入的潮流在越过吕宋海峡具有陡峭海槛底地形的海底山脊（包括恒春海脊、兰屿海脊）或吕宋海峡各个小岛屿之间的峡道（图 1.5）的过程中形成的，尽管对于其形成的动力机制仍然存在诸多的分歧（蔡树群等，2015）。其中还包括两种观点：其中一种认为潮流在越过吕宋海峡的陡峭底地形过程中首先形成大振幅的内潮波，之后内潮波在离开吕宋海峡向南海东北部传播的过程中通过线性深化或非线性深化机制形成大振幅的内孤立波；另一种则认为潮流在越过吕宋海峡的陡峭底地形过程中通过背风波机制、湍动混合坍塌机制、内潮波导机制、内潮释放机制、上游扰动机制（Chen et al.，2017b）中的一种或两种机制联合产生大振幅内孤立波。但无论如何，都可以将内孤立波的生成源地归结为吕宋海峡间的陡峭底地形。

总的来说，除了生成源地的底地形，影响内孤立波生成与传播演变规律的关键要素主要包括如下几点：

①生成源地的潮流的影响。

生成源地的潮流是影响内孤立波的最关键要素。由于潮流的强弱有着大潮、中潮和小潮的明显潮周期变化过程，相应地，其在流经源地吕宋海峡生成内孤立波的强弱也出现相应的潮周期变化（Du et al.，2008）；同时由于在潮流的几大主分潮中，M_2 半日潮占主导地位，因此一般来说每天有两次生成内孤立波的机会。Ramp（2004）通过在南海东北部的观测资料分析认为存在两种波包类型：A 型波包通常振幅较大并且到达观测点的时间比较规则，最大振幅波为波包的先锋波，它通常伴随着全日潮日不等较强的时候产生；B 型波包通常振幅较小且每天延迟一小时出现，最大振幅波位于波包中间，它通常伴随着全日潮日不等较弱的时候产生。

因此，我们可以根据内孤立波生成源地的潮流变化规律以及源地与南海东北部某海域的距离来大体预测某海域出现内孤立波的到达时间，从而达到预警的目的。例如，假设位于东沙群岛附近海域某石油钻井平台 S 点与吕宋海峡的直线距离为 Ds，吕宋海峡某日的强潮流出现时间为 Ts，其激发的内孤立波的传播相速度为 C，则大致可以估算出该内孤立波的到达时间约为 $Ts + Ds/C$。但由于传播相速度 C 很难获知，因此，一个折中的方法是在石油钻井平台 S 点与吕宋海峡之间的 M 点设置一个内孤立波观测系统（假设观测点与 S 的距离为 SM），该观测系统的观测仪器配备、采样分辨率等可根据需要参考 5.1 节的内容来布设，以便可以实时同步地观测该点的温度、盐度和流速的垂向剖面分布情况；根据温度、盐度的垂向分布可以估算出水体的浮力频率及内波的线性相速度，根据温度等值线的变化及流速的变化可以判断出内孤立波到达该点的波动振幅和波致流速，从而通过 KdV 浅水理论或有限深度理论估算出内孤立波的传播相速度 C，于是，一旦在观测点 M 观测到较大振幅的内孤立波，就可以通过给石油钻井平台发出预警信号（大振幅的内孤立波大概在经过 SM/C 的时间后抵达石油钻井平台），提前做出相应的防范措施。研究表明，这种预测的误差不超过 10%（Li et al.，2016）。

②地形和岛屿的影响。

如果是在内孤立波的生成源地，假设陡峭的水下海脊具有一定的坡度，而坡陡系数 γ 表征的是底地形坡度和内波波束斜率的最大比值，当 $\gamma > 1$、$\gamma = 1$ 和 $\gamma < 1$ 时，此时的底地形分别被称为超临界、临界和次临界地形。随着 γ 的增加，底地形变得越来越陡，潮流越过底地形就容易激发越来越多的高阶斜压模态的内孤立波。也就是说，生成源地底地形的变化将影响生成的内孤立波的斜压模态。

在内孤立波生成之后离开生成源地向南海东北部传播的过程中，底地形变化的影响主要体现在两个方面：一是在深海盆地传播时影响内孤立波的传播相速度，一般来说，水深越深则相应的相速度越大；另一个是当内孤立波从深水向浅水（如陆架坡）传播时，底地形变化的影响可导致波型的突变，即随着水深越来越浅，一旦上混合层水体的厚度大于下层水体的厚度（当上层水体的厚度约相当于下层水体的厚度时一般称这个深度为临界深度）时，由于高阶非线性的作用导致内孤立波从深水的下凹型转变为上凸型。

如果内孤立波在传播过程中遭遇一个尺度相对较小的岛屿，譬如说东沙群岛，那么，内孤立波一般可以保持它的孤立子天性穿越岛屿，只不过在东沙群岛时迎波动方向的一面，内波的波峰线会被反射；而在岛的背面，内波的波峰线由于衍射、折射等作用，先是断裂为左右两侧的两列波，之后两列波仍保持原先的波动传播方向继续传播，最终重新汇合形成类似于"大鹏展翅"的一列新的"携手波"（Cai & Xie，2010）。

③地转效应的影响。

在内孤立波生成的阶段，Farmer 等（2009）曾经定义非线性项与地转项之比为 Ostrovsky 数来衡量地转效应对内孤立波生成的影响，指出若 Ostrovsky 数大于 1，则表明非线性项占优，内潮波将分裂为内孤立波，若 Ostrovsky 数小于 1，则表明地转效应占优，地转将抑制内潮波分裂为内孤立波。

而在内孤立波传播演变的阶段，当它刚刚离开生成源地，其尺度较小，譬如说尺度小于或等于 O（10km）的量级，此时地转效应对内孤立波的影响作用甚小，但随着内孤立波在传播过程中两翼的波锋线向两侧扩展越来越大，其尺度达到中尺度 O（100km）的量级，此时地转效应对内孤立波的影响逐渐增大。研究表明（Deng & Cai，2017）：相比于不考虑地转效应的情形，地转效应的影响主要是导致由西往东传播的内孤立波南北两翼的波锋线变得不对称、并促使内孤立波的振幅减小的速度加快；对于一个初始振幅大于 60m 的下凹型内孤立波，其传播 330km 后，波峰线的南北宽度超过 150km，地转效应对内孤立波振幅改变的贡献超过了 8%；对于不同初始振幅的内孤立波，随着波振幅增大，地转效应对内孤立波振幅改变程度的贡献减小；内孤立波由西往东传播的同时其两翼的波锋线也随着各自往南北扩展，两翼波锋线的南北扩展距离越远，地转效应对其波动振幅改变的贡献越大。

④水体层结程度的影响。

水体层结在水平方向上的差异对内孤立波的生成有一定的影响。研究表明：在吕宋海峡，整年西向抬升的温跃层为向西（东）传播的内波振幅增长（减弱）提供了动力条件（Zheng et al.，2008；Shaw et al.，2009），这种水体层结在水平方向上的差异有可能是导致在吕宋海峡生成的内孤立波向南海东北部而不是向西太平洋传播的一个原因。

水体层结在垂直方向上的差异也对内孤立波的生成的斜压模态、特征参数有重要的影响。Chen 等（2014）通过数值模拟研究揭示了密度层结（包括密跃层深度 d，厚度 δ 和上下层密度差 $\Delta \rho_a$）对不同模态内潮波的非线性分裂过程所产生的影响。结果表明：随着 d 的增大，流场中逐渐出现了斜压第二模态内孤立波，而斜压第一模态内孤立波的产生受到了抑制；随着 δ 的增大，潮-地相互作用过程总的正-斜压能量转化率以及进入斜压第一模态、斜压第二模态内潮波的能通量均先增大，后减小；在内潮的传播过程中，一个较厚的密跃层并不利于斜压第二模态内孤立波的产生，而非线性模拟中在中等厚度密跃层条件下得到的强盛斜压第二模态内孤立波是由内潮的产生过程所决定的；$\Delta\rho_a$ 对内孤立波的产生没有任何影响。Xie 等（2014）通过数值模拟研究揭示了垂直方向水体层结对生成的内孤立波参数的影响情况，总结出了南海海洋中 5 种典型海水层化结构变化（包括上层水体层结强度改变，下层水体层结强度改变、温跃层深度改变、温跃层厚度改变，以及单跃层还是双跃层等）对内孤立波的一些关键特征的影响（表 5.4）。例如，假设水体的下层水体的层化强度减弱，则生成的内孤立波头波（或叫先锋波）振幅以及波包中的孤立子个数相对增加，但是其最大振幅所在深度、头波半倍波宽和相速度等均相对减小，等等。

表 5.4　5 种典型海水层化结构变化对内孤立波特征的影响

五组对照实验	头波振幅	最大振幅所在深度	孤立子个数	头波半倍波宽	头波速度
下层层化减弱	+	−		+	−
上层层化减弱	−	+		−	+
跃层深度加深	+	+		+	+
主跃层在上	+			+	−
单跃层		+			−

注："＋"表示增加"−"表示减小。

　⑤涡旋和背景流的影响。

　　越来越多的观测证据表明，南海东北部是一个涡旋和内孤立波均十分活跃的海区，因此，经常从卫星图片可以观测到中尺度涡和内孤立波共存或相互作用的现象。由于内孤立波的传播速度远比中尺度涡移动速度快，经常会发现内孤立波在穿越气旋或反气旋的实例。如图 5.11 给出了一个内孤立波与涡旋共存的现象。初步分析发现图中所观测到的扭曲的内波波峰线是内孤立波从吕宋海峡生成后向东沙群岛传播的过程中刚好受到了一个反气旋的影响。

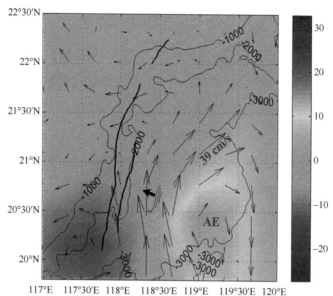

图 5.11　内孤立波与涡旋共存的现象图

由卫星 SAR 图像所显示的 2001 年 5 月 9 日在南海东北部深海海盆所观测到的从吕宋海峡产生并向东沙群岛传播的内孤立波显现于海面的波锋线（Liu et al.，2004）与卫星高度计数据所显示的同一天反气旋（图中的 AE 标出反气旋的中心位置）叠加在同一张图所呈现的内孤立波与涡旋共存的现象，其中两条较粗的黑色曲线所显示的即是内孤立波波锋线，较细的黑色曲线代表水深地形等值线，背景灰度值代表海表面高度异常

通过进一步的数值模拟发现（Xie et al.，2015）：内孤立波在穿越涡旋过程中能量出现再分配，即表现为其在凹陷的内孤立波片段被聚集，而在凸起内孤立波片段则被散射，最大内孤立波振幅在能量聚集区可达到入射内孤立波振幅的 2 倍，在散射区可被减少为入射内孤立波振幅的 50%。此外，在波峰线后方及两侧还有三类次级内波形成，有时会演化为一个波峰线较短的整齐列队式的次级内孤立波波包。如果仔细考察，还可从卫星图片观测到内孤立波的波峰线并非呈现平滑的弓状形，而是出现一定程度的扭曲，且波峰线从北往南宽度变宽，这主要归因于涡旋或背景流的影响（当然也包括底地形和水体层结的联合影响）。图 5.12 给出了理想情况下时间为 0~28.8h 内孤立波波峰线从西（吕宋海峡）往东（东沙群岛）传播时由于南海东北部背景流影响下各个时刻的扭曲情况以及同一波峰线上 4 个典型位置 R1、R2、R3 和 R4 上波动振幅 A 随

时间的变化曲线（Xie et al.，2016）。可以注意到，在 0 时刻，R1、R2、R3
和 R4 4 个点处于同一条平直的波锋线上，但经过 28.8h 的传播后，由于 4 个点
所经过的流场、底地形和水体层结有所不同而不再位于同一直线上，即其扭
曲程度、振幅和传播相速度等变化均不同。数值模拟结果表明：波峰线扭

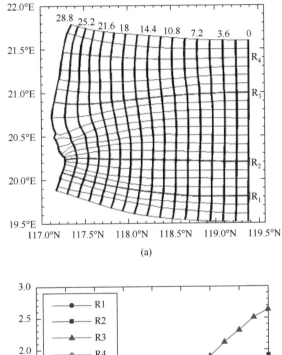

(a)

(b)

图 5.12 （a）给出时间为 0 至 28.8h 内孤立波波峰线从西往东传播时各个时刻的扭曲情况，
（b）给出了波峰线上 4 个典型位置 R1、R2、R3 和 R4 上波动振幅 A（用初始振幅 A_0 来归
一化）随时间的变化

曲主要是由于内孤立波传播过程中受到周围反气旋的影响，而波峰线从北往南宽度变宽则是因为内孤立波在传播过程中由于穿越底地形变化陡峭的南海深海盆时，各个位置的波束射线因不同程度的折射导致内波的局部特征宽度变化引起的。

总而言之，目前要对内孤立波的生成或传播过程进行准确的预报仍存在两个方面的困难：一是从科学问题的认知方面。由于内孤立波的生成与生成源地的潮流具有较高的相关性，因此如果能够很好地预报其生成源地（吕宋海峡）的潮流，再根据水体层结状况估算出内孤立波的传播速度，就能够预报南海东北部内孤立波出现在某一位置的时间。但是，由于受南海海盆底地形陡峭变化、南北纬度的不同所导致的地转效应、水体层结程度的时空变化、涡旋和背景流的时空变化和岛屿的阻挡作用等各种复杂要素的影响，现阶段无法对内孤立波生成或传播过程进行准确的预报。二是从硬件方面来看，计算机技术的发展仍然难以满足对内孤立波进行精确的数值模拟所需的内存和计算速度要求。这主要是由于内孤立波作为一种强的非线性物理现象，在数值模拟模式中要求：①模式的控制方程不能做水静力近似，这就对模式的差分格式和算法提出苛刻的要求；②为满足物理上的频散对数值上的频散占优，数值计算的水平网格步长必须小于最浅的温跃层所在深度（Vitousek & Fringer，2011），而在南海夏季的温跃层深度最浅（约为50m），这就要求在南海北部区域的三维内孤立波数值模式中，水平网格步长必须小于50m，这将大大地增加数值模拟所需的计算机内存，并减慢计算机的计算速度。

因此，未来在南海东北部内孤立波活动频繁的海区进行石油资源、矿藏的开采、海洋工程项目建设乃至舰艇的军事活动，利用布设在内孤立波传播路径的现场内波实时观测系统来预测预警内孤立波到达某一具体海域的方法，仍然是一种不得已而为之的做法。因此，对内孤立波的生成或传播过程进行准确的预报仍存在巨大的挑战。

5.3 本 章 小 结

本章首先介绍在南海进行内孤立波现场观测的方法、观测仪器的布设、数据的处理及如何利用采样时间分辨率低的锚定观测海流数据提取内孤立波的最大波致流速的方法；其次指出了在南海海洋资源开发或海洋工程中要应对内孤立波袭击的风险，有必要事先掌握内孤立波在吕宋海峡到南海北部之间的地理分布规律、内孤立波的运动学和动力学特征及其在垂直方向上的分布规律以及影响内孤立波生成和传播演变的关键要素，概述了潮流、地形和岛屿、地转效应、水体层结程度、涡旋和背景流等对内孤立波生成或传播演变过程的影响，并探讨了利用布设在内孤立波传播路径的现场内波实时观测系统来预测预警内孤立波到达海洋资源开发或海洋工程项目建设所在的海域这种方法的可行性。

参 考 文 献

蔡树群，等，2015. 内孤立波数值模式及其在南海区域的应用[M]. 北京：海洋出版社.

蔡树群，龙小敏，甘子钧，2002. 孤立子内波对小直径圆柱形桩柱的作用力初探[J]. 水动力
    学研究与进展，17A（4）：497-506.

程友良，李家春，2003. 分层海洋中典型内波流场及其对小尺度杆件的作用[C]//周连第，邵
    维文，鲁传敬，等. 第十七届全国水动力学研讨会暨第六届全国水动力学学术会议文集.
    北京：海洋出版社：116-121.

巩超，黄维平，2015. 冲击荷载作用下新型延展式张力腿平台时域分析[J]. 海洋工程（1）：
    24-30.

沈国光，叶春生，2005. 内波孤立子的非波导载荷计算[J]. 天津大学学报，38(12)：1043-1050.

宋志军，勾莹，滕斌，等，2010. 内孤立波作用下 Spar 平台的运动响应[J]. 海洋学报，32（2）：
    12-19.

王旭，林忠义，尤云祥，2015. 张力腿平台内孤立波作用特性数值模拟[J]. 海洋工程，33（5）：
    16-23.

魏岗，尤云祥，缪国平，等，2007. 分层流体中内孤立波在潜浮式竖直薄板上的反射和
    透射[J]. 海洋工程，25（1）：1-8.

谢皆烁，2010. 孤立内波的生成与载荷[D]. 广州：中山大学.

尤云祥，朱伟，缪国平，2003. 分层海洋中大直径桩柱的波浪力[J].上海交通大学学报，
    37（8）：1181-1185.

Apel J R，Holbrook J R，Liu A K，et al.，1985. The Sulu Sea internal soliton experiment[J].
    Journal of Physical Oceanography，15（12）：1625-1651.

Apel J R，Ostrovsky L A，Stepanyants Y A，et al.，2007. Internal solitons in the ocean and their
    effect on underwater sound[J]. The Journal of the Acoustical Society of America，121（2）：
    695-722.

Bole J B，Ebbesmeyer C C，Romea R D，1994. Soliton currents in the South China Sea：
    Measurements and theoretical modeling[C]//The 26th annual offshore technology conference，
    Texas.

Benjamin T B，1966. Internal waves of finite amplitude and permanent form[J]. Journal of Fluid
    Mechanics，25：241-270.

Benney D J, 1966. Long non-linear waves in fluid flows[J]. Journal of Mathematical Physics, 45：
    52-63.

Cai S Q，Gan Z J，Long X M，2002. Some characteristics and evolution of the internal soliton in
    the northern South China Sea[J]. Chinese Science Bulletin，47（1）：21-27.

Cai S Q, Long X M, Gan Z J, 2003. A method to estimate the forces exerted by internal solitons on cylindrical piles[J]. Ocean Engineering, 30（5）: 673-689.

Cai S Q, Long X M, Dong D P, et al., 2008a. Background current affects the internal wave structure of the northern South China Sea[J]. Progress in Natural Science, 18: 585-589.

Cai S Q, Long X M, Wang S G, 2008b. Forces and torques exerted by internal solitons in shear flows on cylindrical piles[J]. Applied Ocean Research, 30（1）: 72-77.

Cai S Q, Wang S G, Long X M, 2006. A simple estimation of the force exerted by internal solitons on cylindrical piles[J]. Ocean Engineering, 33（7）: 974-980.

Cai S Q, Xie J S, 2010. A propagation model for the internal solitary waves in the northern South China Sea[J]. Journal of Geophysical Research, 115: C12074.

Cai S Q, Xie J S, He J L, 2012. An overview of internal solitary waves in the South China Sea[J]. Surveys in Geophysics, 33（5）: 927-943.

Cai S Q, Xu J X, Chen Z W, et al., 2014. The effect of a seasonal stratification variation on the load exerted by internal solitary waves on a cylindrical pile[J]. Acta Oceanologica Sinica, 33（7）: 21-26.

Cai S Q, Xu J X, Liu J L, et al., 2015. Retrieval of the maximum horizontal current speed induced by ocean internal solitary waves from low resolution time series mooring data based on the KdV theory[J]. Ocean Engineering, 94: 88-93.

Camassa R, Choi W, Michallet H, et al., 2006. On the realm of validity of strongly nonlinear asymptotic approximations for internal waves[J]. Journal of Fluid Mechanics, 549: 1-23.

Choi W, Camassa R, 1999. Fully nonlinear internal waves in a two-fluid system[J]. Journal of Fluid Mechanics, 396: 1-36.

Chen M, Chen K, You Y X, 2017a. Experimental investigation of internal solitary wave forces on a semi-submersible[J]. Ocean Engineering, 141: 205-214.

Chen Z W, Nie Y H, Xie J S, et al., 2017b. Generation of internal solitary waves over a large sill: from Knight Inlet to Luzon Strait[J]. Journal of Geophysical Research: Oceans, 122（2）: 1555-1573.

Chen Z W, Xie J S, Wang D X, et al., 2014. Density stratification influences on generation of different modes internal solitary waves[J]. Journal of Geophysical Research: Oceans, 119（10）: 7029-7046.

Corkright M E, Lorcanini R A, Garcia H E, et al., 2002. World Ocean Atlas 2001: Objective Analyses, Data Statistics, and Figures, CD-ROM Documentation[R]. Silver Spring: National Oceanographic Data Center.

Deng X D, Cai S Q, 2017. A numerical study of rotation effect on the propagation of nonlinear internal solitary waves in the northern South China Sea[J]. Applied Mathematical Modelling, 46: 581-590.

Du T, Tseng Y H, Yan X H, 2008. Impacts of tidal currents and Kuroshio intrusion on the generation of nonlinear internal waves in Luzon Strait[J]. Journal of Geophysical Research, 113（8）: C08015.

Duda T F, Lynch J F, Irish J D, et al., 2004. Internal tide and nonlinear internal wave behavior af the continental slope in the northern. South China Sea[J]. IEEE Journal of Oceanic Engineering, 29 (4): 1105-1130.

Ebbesmeyer C C, Coomes C A, Hamilton R C, et al., 1991. New observation on internal wave (solitons) in the South China Sea using an acoustic doppler current profiler[J]. Marine Technology Society Journal, 91: 165-175.

Fett R, Rabe K, 1977. Satellite observation of internal wave refraction in the South China Sea[J]. Geophysical Research Letters, 4 (5): 189-191.

Foreman S J, Maskell K, 1988. Simulation of the mixed layer in a global ocean general circulation model[J]. Elsevier Oceanography Series, 46: 109-122.

Fructus D, Grue J, 2004. Fully nonlinear solitary waves in a layered stratified fluid[J]. Journal of Fluid Mechanics, 505: 323-347.

Gasparovic R F, Apel J R, Kasischke E S, 1988. An overview of the SAR internal wave signature Experiment[J]. Journal of Geophysical Research, 93 (C10): 12304-12316.

Guo H Y, Zhang L, Li X M, et al., 2013. Dynamic responses of top tensioned riser under combined excitation of internal solitary wave, surface wave and vessel motion[J]. Journal of Ocean university of China, 12 (1): 6-12.

Grue J, Jensen A, Rusås P O, et al., 1999. Properties of large-amplitude internal waves[J]. Journal of Fluid Mechanics, 380: 257-278.

Helfrich, K R, Melville W K, 2006. Long nonlinear internal waves[J]. Annual Review of Fluid Mechanics, 38 (1): 395-425.

Jackson C, 2007. Internal wave detection using the moderate resolution imaging spectroradiometer (MODIS) [J]. Journal of Geophysical Research, 112: C11012.

Lamb K G, 2010. Energetics of internal solitary waves in a background sheared current[J]. Nonlinear Processes in Geophysics, 17 (5): 553-568.

Li Y K, Wang C X, Liang C J, et al., 2016. A simple early warning method for large internal solitary waves in the northern South China Sea[J]. Applied Ocean Research, 61: 167-174.

Lighthill J, 1986. Fundamentals concerning wave loadings on offshore structures[J]. Journal of Fluid Mechanics, 173: 667-681.

Liu A K, Ramp S, Zhao Y, et al. 2004. A case study of internal wave propagation during ASIAEX-2001[J]. IEEE Journal of Oceanic Engineering, 29 (4): 1144-1156.

Liu L F, Grue J, Pedersen G K. 2004. Advances in Coastal and Ocean Engineering: Volume 9 PIV and Water Waves[M]. Singapore: World Scientific Publishing Company, 1-49.

Liu Y G, Weisberg R H, 2005. Momentum balance diagnoses for the West Florida Shelf[J]. Continental Shelf Research, 25 (17): 2054-2074.

Lv H B, He Y J, Shen H, et al., 2010. A new method for the estimation of oceanic mixed-layer depth using shipboard X-band radar images[J]. Chinese Journal of Oceanology and Limnology, 28 (5): 962-967.

Morison J R, Johnson J W, Schaaf S A, et al., 1950. The forces exerted by surface waves on piles[J]. Journal of Petroleum Technology, AIME, 2 (5): 149-154.

Nash J D, Moum J N, 2005. River plumes as a source of large amplitude internal waves in the coastal ocean[J]. Nature, 437 (7057): 400-403.

Osborne A R, Burch T L, 1980. Internal solitons in the Andaman Sea[J]. Science, 208 (4443): 451-460.

Pan J Y, Jay D A, Orton P M, 2007. Analyses of internal solitary waves generated at the Columbia River plume front using SAR imagery[J]. Journal of Geophysical Research, 112: C07014.

Ramp S R, Yang Y J, Bahr F L, 2010. Characterizing the nonlinear internal wave climate in the northeastern South China Sea[J]. Nonlinear Processes in Geophysics, 17 (5): 481-498.

Ramp S R, Tang T Y, Duda T F, et al., 2004. Internal solitons in the northeastern South China Sea. Part 1: Sources and deep water propagation[J]. IEEE Journal of Oceanic Engineering, 29 (4): 1157-1181.

Sarpkaya T, 1976. In-line and transverse forces on smooth and sand-roughened cylinders in oscillatory flow at high Reynolds numbers[C]. [S. l.]:[s.n.].

Sarpkaya T, 2001. On the force decompositions of Lighthill and Morison[J]. Journal of Fluids and Structures, 15: 227-233.

Shaw P T, Ko D S, Chao S Y, 2009. Internal solitary waves induced by flow over a ridge: With applications to the northern South China Sea[J]. Journal of Geophysical Research, 114: C02019.

Si Z S, Zhang Y L, Fan Z S, 2012. A numerical simulation of forces and torques exerted by large-amplitude internal solitary waves on a rigid pile in South China Sea[J]. Applied Ocean Research, 37: 127-132.

Song Z J, Teng B, Gou Y, et al., 2011. Comparisons of internal solitary wave and surface wave actions on marine structures and their responses[J]. Applied Ocean Research, 33 (2): 120-129.

St Laurent L, Simmons H, Tang T Y, et al., 2011. Turbulent properties of internal waves in the South China Sea[J]. Oceanography, 24 (4): 78-87.

Sveen J K, Guo Y K, Davies P A, et al., 2002. On the breaking of internal solitary waves at a ridge[J]. Journal of Fluid Mechanics, 469: 161-188.

Vlasenko V, Alpers W, 2005. Generation of secondary internal waves by the interaction of an internal solitary wave with an underwater bank[J]. Journal of Geophysical Research, 110: C02019.

Vitousek S, Fringer O B, 2011. Physical vs. numerical dispersion in nonhydrostatic ocean modeling[J]. Ocean Modelling, 40: 72-86.

Wang J, Huang W G, Yang J S, et al., 2013. Study of the propagation direction of the internal waves in the South China Sea using satellite images[J]. Acta Oceanologica Sinica, 32 (5): 42-50.

Whitham G B, 1974. Linear and nonlinear waves[M]. New York: John Wiley & Sons, Inc.

Xie J S, He Y H, Chen Z W, et al., 2015. Simulations of internal solitary wave interactions with mesoscale eddies in the northeastern South China Sea[J]. Journal of Physical Oceanography, 45 (12): 2959-2978.

Xie J S, He Y H, Lv H B, et al., 2016. Distortion and broadening of internal solitary wave front in the northeastern South China Sea deep basin[J]. Geophysical Research Letters, 43 (14), 7617-7624.

Xie J S, Jian Y J, Yang L G, 2010. Strongly nonlinear internal soliton load on a small vertical circular cylinder in two-layer fluids[J]. Applied Mathematical Modelling, 34 (8): 2089-2101.

Xie J S, Xu J X, Cai S Q, 2011. A numerical study of the load on cylindrical piles exerted by internal solitary waves[J]. Journal of Fluids and Structures, 27 (8): 1252-1261.

Xie J S, Chen Z W, Xu J X, et al., 2014. Effect of vertical stratification on characteristics and energy of nonlinear internal solitary waves from a numerical model[J]. Communications in Nonlinear Science and Numerical Simulation, 2014, 19 (10): 3539-3555.

Xu J X, Chen Z W, Xie J S, et al., 2016. On generation and evolution of seaward propagating internal solitary waves in the northwestern South China Sea[J]. Communications in Nonlinear Science and Numerical Simulation, 32: 122-136.

Xu J X, Xie J S, Cai S Q, 2011. Variation of Froude number versus depth during the passage of internal solitary waves from the in-situ observation and a numerical model[J]. Continental Shelf Research, 31 (12): 1318-1323.

Xu Z H, Yin B S, Hou Y J, et al., 2010. A study of internal solitary waves observed on the continental shelf in the northwestern South China Sea[J]. Acta Oceanologica Sinica, 29 (3): 18-25.

Zha G Z, He Y J, Yu T, et al., 2012. The force exerted on a cylindrical pile by ocean internal waves derived from nautical X-band radar observations and in-situ buoyancy frequency data[J]. Ocean Engineering, 41: 13-20.

Zhang H Q, Li J C, 2007. Wave loading on floating platforms by internal solitary waves[C]. New Trends in Fluid Mechanics Research-Proceedings of the fifth International conference on Fluid Mechanics, August 15-19, Shanghai. Beijing: Tsinghua University Press, 5: 304-307.

Zheng Q A, Susanto R D, Ho C R, et al., 2007. Statistical and dynamical analyses of generation mechanisms of solitary internal waves in the northern South China Sea[J]. Journal of Geophysical Research, 112: C03021.